安徽省高等学校"十二五"规划教材
安徽省高等学校电子教育学会推荐用书

高等学校规划教材·应用型本科电子信息系列

总主编　吴先良

电子技术课程设计

主　编　吴　扬

副主编　刘　权　吴　敏

编　委（按姓氏笔画排序）

马　宾　刘　权　刘　路　孙　燕

吴　扬　吴　敏　金定洲　廖　娟

北京师范大学出版集团
BEIJING NORMAL UNIVERSITY PUBLISHING GROUP
安徽大学出版社

图书在版编目(CIP)数据

电子技术课程设计/吴扬主编. —合肥:安徽大学出版社,2018.2(2019.6重印)
高等学校规划教材.应用型本科电子信息系列/吴先良总主编
ISBN 978-7-5664-1506-6

Ⅰ.①电… Ⅱ.①吴… Ⅲ.①电子技术－课程设计－高等学校－教材
Ⅳ.①TN—41

中国版本图书馆 CIP 数据核字(2018)第 021350 号

电子技术课程设计
DIANZI JISHU KECHENG SHEJI

吴 扬 主编

出版发行:	北京师范大学出版集团 安 徽 大 学 出 版 社 (安徽省合肥市肥西路 3 号 邮编 230039) www.bnupg.com.cn www.ahupress.com.cn
印　　刷:	安徽省人民印刷有限公司
经　　销:	全国新华书店
开　　本:	184mm×260mm
印　　张:	14.25
字　　数:	319 千字
版　　次:	2018 年 2 月第 1 版
印　　次:	2019 年 6 月第 2 次印刷
定　　价:	42.00 元

ISBN 978-7-5664-1506-6

策划编辑:刘中飞　张明举　　　　装帧设计:李　军
责任编辑:张明举　刘　贝　　　　美术编辑:李　军
责任印制:赵明炎

版权所有　侵权必究
反盗版、侵权举报电话:0551—65106311
外埠邮购电话:0551—65107716
本书如有印装质量问题,请与印制管理部联系调换。
印制管理部电话:0551—65106311

编委会名单

主　任　吴先良（合肥师范学院）
委　员（以姓氏笔画为序）
　　　　　王艳春（蚌埠学院）
　　　　　卢　胜（安徽新华学院）
　　　　　孙文斌（安徽工业大学）
　　　　　李　季（阜阳师范学院）
　　　　　吴　扬（安徽农业大学）
　　　　　吴观茂（安徽理工大学）
　　　　　汪贤才（池州学院）
　　　　　张明玉（宿州学院）
　　　　　张忠祥（合肥师范学院）
　　　　　张晓东（皖西学院）
　　　　　陈　帅（淮南师范学院）
　　　　　陈　蕴（安徽建工大学）
　　　　　陈明生（合肥师范学院）
　　　　　林其斌（滁州学院）
　　　　　姚成秀（安徽化工学校）
　　　　　曹成茂（安徽农业大学）
　　　　　鲁业频（巢湖学院）
　　　　　谭　敏（合肥学院）
　　　　　樊晓宇（安徽科技学院）

编写说明 Introduction

当前我国高等教育正处于全面深化综合改革的关键时期,《国家中长期教育改革和发展规划纲要(2010—2020年)》的颁发再一次激发了我国高等教育改革与发展的热情。地方本科院校转型发展,培养创新型人才,为我国本世纪中叶以前完成优良人力资源积累并实现跨越式发展,是国家对高等教育做出的战略调整。教育部有关文件和国家职业教育工作会议等明确提出地方应用型本科高校要培养产业转型升级和公共服务发展需要的一线高层次技术技能人才。

电子信息产业作为一种技术含量高、附加值高、污染少的新兴产业,正成为很多地方经济发展的主要引擎。安徽省战略性新兴产业"十二五"发展规划明确将电子信息产业列为八大支柱产业之首。围绕主导产业发展需要,建立紧密对接产业链的专业体系,提高电子信息类专业高复合型、创新型技术人才的培养质量,已成为地方本科院校的重要任务。

在分析产业一线需要的技术技能型人才特点以及其知识、能力、素质结构的基础上,为适应新的人才培养目标,编写一套应用型电子信息类系列教材以改革课堂教学内容具有深远的意义。

自2013年起,依托安徽省高等学校电子教育学会,安徽大学出版社邀请了省内十多所应用型本科院校二十多位学术技术能力强、教学经验丰富的电子信息类专家、教授参与该系列教材的编写工作,成立了编写委员会,定期开展系列教材的编写研讨会,论证教材内容和框架,建立主编负责制,以确保系列教材的编写质量。

该系列教材有别于学术型本科和高职高专院校的教材,在保障学科知识体系完整的同时,强调理论知识的"适用、够用",更加注重能力培养,通过大量的实践案例,实现能力训练贯穿教学全过程。

该教材从策划之初就一直得到安徽省十多所应用型本科院校的大力支持和重视。每所院校都派出专家、教授参与系列教材的编写研讨会,并共享其应用型学科平台的相关资源,为教材编写提供了第一手素材。该系列教材的显著特点有：

1. 教材的使用对象定位准确

明确教材的使用对象为应用型本科院校电子信息类专业在校学生和一线产业技术人员，所以教材的框架设计主次分明，内容详略得当，文字通俗易懂，语言自然流畅，案例丰富多彩，便于组织教学。

2. 教材的体系结构搭建合理

一是系列教材的体系结构科学。本系列教材共有 14 本，包括专业基础课和专业课，层次分明，结构合理，避免前后内容的重复。二是单本教材的内容结构合理。教材内容按照先易后难、循序渐进的原则，根据课程的内在联系，使教材各部分之间前后呼应，配合紧密，同时注重质量，突出特色，强调实用性，贯彻科学的思维方法，以利于培养学生的实践和创新能力。

3. 学生的实践能力训练充分

该系列教材通过简化理论描述、配套实训教材和每个章节的案例实景教学，做到基本知识到位而不深难，基本技能训练贯穿教学始终，遵循"理论—实践—理论"的原则，实现了"即学即用、用后反思、思后再学"的教学和学习过程。

4. 教材的载体丰富多彩

随着信息技术的飞速发展，静态的文字教材将不再像过去那样在课堂中扮演不可替代的角色，取而代之的是符合现代学生特点的"富媒体教学"。本系列教材融入了音像、动画、网络和多媒体等不同教学载体，以立体呈现教学内容，提升教学效果。

本系列教材涉及内容全面系统，知识呈现丰富多样，能力训练贯穿全程，既可以作为电子信息类本科、专科学生的教学用书，亦可供从事相关工作的工程技术人员参考。

吴先良

2015 年 2 月 1 日

  《电子技术课程设计》是根据教育部颁布的高等工业学校"电子技术基础课程教学基本要求",结合编者多年从事电子技术理论教学、电子技术实践性教学及电子设计竞赛活动的教学经验编撰而成的。本教材突出了电子技术基础实践教学的系统性、实践性及创新性,是学生学习电子技术知识的综合性实践训练辅导用书。本书主要介绍了电子技术课程设计基础、基本模拟电路的设计、模拟电路课程设计实例、常用数字集成电路及其应用、数字电路课程设计实例、综合电子电路设计实例、电子电路仿真软件及常用电子元器件和常用集成芯片的主要性能参数与引脚排列等内容。

  在编写《电子技术课程设计》的过程中,编者力求做到以下几点:

  (1)教学与实用相结合。

  主要体现在充分考虑了各种教学模式和不同层次学生的需求,提供了丰富的课程设计内容,从理论到实践,循序渐进,目的在于将"模拟电子技术"、"数字电子技术"和"电子技术课程设计"等课程的理论与实践有机地结合起来,旨在加强对学生基本技能的综合训练,从而充分调动学生学习的积极性,从理论和实践两个方面提高学生的自主学习能力和分析问题、解决问题的能力,提高学生综合能力及启发学生创新性思维。

  (2)示范性和设计性课题相结合。

  为便于学生较规范地进行课程设计,在编写《电子技术课程设计》的过程中,内容的编排按照循序渐进原则,从简单到复杂、从单元电路到综合应用,遵循知识递增的规律,对各电路的构成、各元器件功用做简要介绍,对每一元器件选择给出估算公式或经验数据,使之选择有依据。以典型设计为例,详细介绍了电子电路的设计方法和步骤、电子电路的组装与调试方法,并给出多个课程设计的设计方案以供学生在课程设计时参考学习。

  (3)设计课题的选择通俗易懂和工程应用相结合。

  教材内容新颖丰富,可读性强,设计课题的选择由简到繁、由易到难,给出较多设计示例,并适当考虑趣味性,编者还搜集整理了近几年来有关模拟电路和数字电路的综合应用课程设计,编写了大量难度不同且具有典型性、实践性的设计课题以供指导老师和学生参考、使用,通过本教材的学习,可使学生对电子电路设计与调试有清晰的思路,为进一步提高学生电子电路设计能力和调试能力,培养学生的工程素质和设计能力打下坚实基础。

本教材由吴扬担任主编,对书的整体架构与目录进行了确定工作,同时完成了第2章、第3章的编写,副主编分别由刘权(编写第3章和第6章,收集元器件资料并对书中案例进行了搭试验证的工作)和吴敏(编写第4章、第5章和第6章)担任。参与编写工作的还有孙燕(编写第1章、整理第3章),廖娟(编写第4章),刘路(编写第6章、整理第3章),马宾(编写第7章并对书中案例进行了电路仿真)和金定洲(编写第8章)。吴扬、刘权和吴敏共同负责对各章内容的修改及全书的统稿工作。

在本教材编写与出版过程中,安徽大学出版社给予了大力支持和帮助,在此表示衷心的感谢;安徽农业大学曹成茂教授仔细审阅了全部书稿,并提出了许多宝贵的建议和修改意见,在此表示诚挚的感谢。

由于编者水平有限,书中不当之处在所难免,恳请广大读者批评指正。

编 者

2017年11月

第1章	电子技术课程设计基础	1
1.1	概述	1
1.2	电子电路设计的基本方法和步骤	3
1.3	电子电路安装技术	7
1.4	电子电路调试与抗干扰技术	15
第2章	基本模拟电路的设计	21
2.1	分立元件放大电路的设计	21
2.2	基本模拟运算电路的设计	27
2.3	电压比较器电路的设计	32
2.4	RC 正弦波振荡器的设计	36
2.5	功率放大电路的设计	39
第3章	模拟电路课程设计实例	45
3.1	模拟电子电路设计的基本方法	45
3.2	音频功率放大器	47
3.3	小功率直流电动机调速电路	62
3.4	模拟电子电路设计题选	68
第4章	常用数字集成电路及其使用	76
4.1	数字集成门电路的分类与应用	76
4.2	组合逻辑电路的应用	81
4.3	计数器电路设计	88
4.4	脉冲波形产生与整形电路设计	94
4.5	报警电路	100
4.6	译码及驱动显示电路	101

第 5 章　数字电路课程设计实例 ·· 108

　　5.1　数字电子电路的设计方法 ·· 108

　　5.2　数字时钟的设计 ·· 110

　　5.3　数字频率计的设计 ··· 115

　　5.4　智力竞赛抢答器的设计 ··· 120

　　5.5　数字电子电路课程设计题选 ··· 127

第 6 章　综合电子电路设计实例 ·· 132

　　6.1　宽范围连续可调直流稳压电源 ·· 132

　　6.2　交通信号灯控制器的设计 ·· 144

　　6.3　综合电子电路设计题选 ··· 151

第 7 章　电子电路仿真软件 ··· 161

　　7.1　Multisim14 软件及应用 ··· 161

　　7.2　Proteus 软件及应用 ·· 173

第 8 章　电子电路设计常用元器件图表 ···································· 182

　　8.1　模拟电路设计部分的元器件参数对照表 ······························ 182

　　8.2　部分数字集成电路引脚图及功能表 ···································· 203

　　8.3　电子元器件选择的参考资料 ··· 216

参考文献 ··· 218

电子技术课程设计基础

电子技术课程设计是电子技术课程的实践性教学环节,是对学生学习电子技术的综合性训练,它涉及许多理论知识与实训技能。本章主要介绍电子技术课程设计的基础知识,旨在帮助学生解决电子技术课程入门之难。

1.1 概 述

1.1.1 课程设计的目的和要求

1. 课程设计的目的

电子技术课程设计的基本任务是通过指导学生循序渐进地独立完成电子电路仿真和设计,加深学生对理论知识的理解,有效提高学生的动手能力、分析问题解决问题能力、协调能力和创造性思维能力。

2. 课程设计的要求

(1)掌握基本电路设计和分析的方法。

①根据设计任务和技术指标,初选电路。

②通过调查研究与设计计算,确定电路方案。

③正确选择元器件,安装电路,独立进行试验,并通过调试改进方案。

④分析课程设计结果,撰写课程设计报告。

(2)培养自学能力和分析问题与解决问题的能力。

①学会独立分析、找出解决问题的方法。

②对设计中遇到的问题,能独立思考,查阅手册和文献资料,获得答案。

③熟悉常用电子器件的类型和特性,并掌握合理选用的原则。

④熟悉电子仪器的正确使用方法。

⑤掌握一些测试电路的基本方法,能通过分析、观察、判断、试验、再判断的循序渐进的基本方法,并能独立解决课程设计中出现的故障。

⑥综合运用电子技术课程中所学到的理论知识对课程设计结果进行分析和评价。

(3)掌握安装、布线、仿真、调试等基本技能。

①熟悉常用的仿真软件,能够利用仿真软件进行电路调试与改进。

②掌握电路布线、调试的基本技巧。

总之,通过严格的科学训练和工程设计实践,树立严肃认真、一丝不苟、实事求是的科学作风,并培养学生团结协作的精神。

1.1.2 课程设计的教学过程

课程设计是在教师指导下,学生通过独立完成设计来达到对其进行综合性训练的目的。一般来说,电子技术课程设计的一般方法和步骤如图 1-1 所示。

图 1-1 电子技术课程设计的一般方法和步骤

总体来说,课程设计大体可分成以下阶段。

1. 了解课程的设计环境

电子技术课程的设计环境包括硬件环境和软件环境,以及选用的测量仪器的使用方法,甚至包括课程工具的使用方法。

2. 分析系统设计要求,明确系统功能

要完整地设计出一个系统,首先要理解和掌握该设计的依据,然后明确设计要求,最后确定系统的功能。不同系统的功能不尽相同,学生必须对所设计的系统认真地理解和分析,最终明确所设计系统的功能。

3. 方案设计

根据所选课题的任务、条件和要求进行总体方案的设计、论证与选择,确定总体方案。

4. 单元电路设计和参数设计

将总体方案中的各个单元电路逐个进行设计。在模拟电路中,单元电路一般可归纳为基本放大电路和运算放大电路;在数字电路中,单元电路一般可归纳为组合逻辑电路和时序逻辑电路。选择合适的单元电路,并对电路元器件的参数进行计算和选择。电路中的元器件众多,其参数能影响整个电路的性能指标。在选择元器件参数时,一定要结合元器件的性能、体积、价格等因素进行综合考虑,使各个元器件的参数搭配合理,简化电路设计,降低成本,提高电路工作的可靠性。

5. 画出设计电路图,完成仿真调试

将各个单元电路连接组成系统,并利用 Altium Designer 绘制出总体系统电路图。画电路图时,通常根据信号流向去画,应注意布局合理。信号流向采用左入右出,上入下出或下入上出的要求来布置各部分电路。电路图设计完毕后,可以首先在仿真软件如 Proteus 或者 Multisim 中完成仿真调试,具体调试过程详见

第七章。

6. 安装与调试

以上步骤经教师审查通过后,学生即可向指导教师领取所需元器件等材料,在试验板上组装电路。在组装的过程中,需要运用测试仪表进行电路调试,排除电路故障,调整元器件,修改电路,使之达到设计指标要求。

7. 撰写设计报告

设计报告是学生对课程设计过程的系统总结,学生应按规定的格式编写课程设计总结报告,具体内容有:①设计课题的名称;②设计课题的任务、要求及技术指标;③方案选择与论证;④方案框图,单元电路与计算说明,元器件选择和电路参数计算说明;⑤电路接线图:它是系统总体原理图,要求结构合理、走线要短、整齐美观,单元电路排列有规律,并标出器件的引脚排列号和元件数值,以供安装使用,此外还应列出集成器件和其他元器件的明细表;⑥电路的安装与调试:主要是对安装调试工作中发现问题、分析问题到解决问题的过程进行总结,内容包括:调试目的及使用的仪器仪表;各调试单元的实验接线图;对实测波形、数据及计算结果进行整理、比较(包括绘制曲线、表格),并进行误差分析;调试中出现的故障和原因及其排除办法和效果;⑦完成本设计的特点和所采用的设计技巧,并对存在的问题提出修改意见;⑧收获和心得体会。

1.2 电子电路设计的基本方法和步骤

电子电路种类繁多,使得电路的设计过程和步骤不尽相同。一般来说,电子电路的设计步骤为:首先根据电子系统的设计任务,进行总体方案的选择与确定;然后对组成系统的单元电路进行设计、参数计算、元器件确定和实验调试;最后绘出总体设计的电路图。

1.2.1 总体方案的设计与选择

总体方案的设计是根据设计任务、指标要求和给定的条件,分析所要设计电路应该实现的功能,并将这些功能分解成若干单项的功能,分清主次和相互的关系,形成若干单元功能块组成系统的总体方案。一个设计任务的方案可以有多个,我们需要从方案能否满足要求、构成是否简单、实现是否经济可行等方面对这些方案进行比较和论证,择优选取。下面通过一个实例来加以说明。

【例1-1】 "数显式交流有功电子电能表"的设计。

本设计的关键问题就是有功电能的计量,已知有功电能 Q 的计算公式为:

$$Q = Pt = \left(\frac{1}{T}\int_0^T ui\,\mathrm{d}t\right) \cdot t \tag{1-1}$$

其中，P 为有功功率，t 为时间，u、i 分别为电压、电流瞬时值。

实现式(1-1)的关键就是瞬时功率 $p=ui$ 的计算。常用的计算方案有两个：①u、i 信号通过模拟乘法器得到 p；②对 u、i 信号进行数字化采样后经微处理器运算得到 p。

方案一：模拟乘法器方案

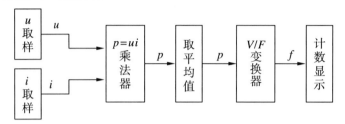

图 1-2　模拟乘法器方案框图

如图 1-2 所示，先通过电压、电流取样电路可得到信号 u、i，经模拟乘法器得到 $p=ui$；接着，通过平均值电路（积分器）得到有功功率 $P=\dfrac{1}{T}\int_0^T p\mathrm{d}t$，然后经 V/F 变换把有功功率 P 转换成频率信号 f；最后对频率信号的脉冲进行计数，所得结果即为要计算的有功电能。

方案二：微处理器方案

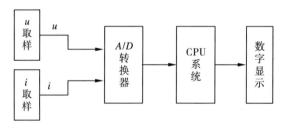

图 1-3　微处理器方案框图

如图 1-3 所示，通过电压、电流取样电路得到 u、i 信号，经模/数转换器(A/D)将其分别变换成数字量送入微处理器系统，通过软件计算（乘法程序和取平均值程序）得到有功电能，然后输出显示。

毫无疑问，上例的两个方案从原理上来说都是可行的，必须进一步把详细方案做完后再进行比较。若选用方案一，就必须增加很多硬件电路。若采用方案二，可以借助软件的强大功能，就很容易满足课题的各种要求。当然，对于未学过微处理器知识的学生来说，只能选用方案一。

1.2.2　单元电路的设计、参数计算和元器件选择

1. 单元电路的设计

在进行单元电路设计时，必须根据整个设计的技术要求去明确单元电路的技

术要求,必要时还需详细拟定出单元电路的性能指标,然后进行单元电路结构形式的选择或设计。另外,尽量选择现有的、成熟的电路来实现单元电路的功能。同时,为了使电子系统的体积小、可靠性高,电路尽可能用集成电路组成。

2. 参数计算

为了保证单元电路能达到设计要求,必须对某些单元电路进行参数计算和元器件的选择。例如,放大电路中各个电阻值和放大倍数的计算,振荡电路中的电阻、电容及振荡频率的计算;单稳态触发器中的电阻、电容和输出脉冲宽度的计算等。

进行单元电路设计时,必须正确利用模拟电路和数字电路中有关公式进行计算,才能设计出符合要求的单元电路。计算电路参数时,应注意以下几点:

①在计算电路元器件参数时,应考虑最不利的工作情况,并留有适当的余量。

②在计算元器件的工作电流、电压、频率及功率等参数时,需留有一定的裕度。对于半导体器件,一般取 $1.5 \sim 2$ 倍的额定值。

③对于电阻、电容参数的取值,应选择计算值附近的标称值。电阻值一般在 $1~M\Omega$ 内选择;非电解电容器一般在 $1.0 \times 10^{-4} \sim 10~\mu F$ 选择,电解电容一般在 $1 \sim 2000~\mu F$ 范围内选用。

④如果没有特殊要求,模拟集成电路和数字集成电路尽量选用通用集成电路。

3. 元器件选择

(1) 分立电子元器件的选择。

①电阻器的选择。除精密电阻和自制电阻外,一般都选用标称值电阻。所选用电阻器的额定功率应大于其在实际电路中消耗功率的一倍以上。根据不同的要求选用电阻器,例如,对电阻器的精度要求不高时,可选用价格便宜、体积小的碳膜电阻;要求体积小、功率大的电阻,可选用硅碳膜电阻器或金属膜电阻器;高温环境下,可选用硅碳膜电阻器、金属膜电阻器或金属氧化膜电阻器;高频电路中可选用金属膜电阻器;低噪声电路中可选用金属膜电阻器、线绕电阻器。

②电容器的选择。电容器的容量应选用标称值电容。选择电容器耐压时,应考虑其实际工作时两端可能出现的最大电压。电容器有扁形、圆片形、管形、筒形、柱形、方形等不同形状,可根据安装位置及空间大小来选择合适的电容器。另外可根据不同要求选择电容器,例如,滤波、去耦、旁路电容可选用体积小、价格便宜、误差大、稳定性差的铝电解电容器;高频滤波、去耦、旁路电容可选用无感的铁电陶瓷电容器或独石电容器;耦合电容可选用绝缘电阻大的金属化纸介质电容器、涤纶电容器等;高频振荡器、高频调谐回路应选用绝缘电阻高、损耗低、温度系数小、频率特性好、稳定性高、无感的云母电容器,或瓷介电容器、玻璃釉电容器、

聚丙烯电容器，或带温度补偿的 COG、NPO 电容。

③半导体二极管的选择。高频检波时，选用检波二极管，检波二极管一般是点接触型 PN 结，其结电容小，适合高频整流或高频检波，如 1N60P、1SS86、2AP9；高压整流时，选用硅堆；电源整流时，选用整流二极管，注意最大整流电流应比最大工作电流大 20%，如 1N4001—1N4008、1N5401—1N5410 等；选用稳压二极管时，应考虑稳压管的稳定电压、最大工作电流和最大功耗等是否满足要求，这类二极管的反向击穿点比较稳定，一般用于甲类（并联）稳压，如 BZT52C 系列、IN47 系列；开关二极管主要用于开关（脉冲）电路中，其开通和关断特性较好，如 1N4148、1N4448 等；快恢复二极管的反向恢复时间较短，一般工作在快速续流回路，以及高频开关电路的整流，如 FR4001—FR4007 等；超快恢复（或肖特基）二极管的反向恢复时间达到纳秒级，其中的肖特基二极管还有导通压降低的特性，但反向泄漏电流稍大，如 MBR0520、SS34、IN5819、IN5822 等；变容二极管的结电容与反向电压相关特性较好，用于电调谐电路中的电子调节，如 FV1043、BB910；快速瞬变二极管（TVS）特性类似放电管，如果施加电压超过额定值会瞬时击穿，从而抑制线路中的瞬变尖峰电压，从而保护线路的瞬态过电压，如 P4KE 系列、P6KE 系列、ESD5Z 系列。另外除大功率二极管外，一般二极管应避免靠近发热元器件。

④三极管的选择。根据电路要求选择三极管。在低频功率放大电路中，可根据输出功率大小选用低频小功率管或低频大功率管，如 S9013、S9012、S8050、S8550、2SC2073、2SA940、2SA1295、2SC3264 等；在高频放大和变频电路中，选用噪声系数小的高频三极管，如 S9018、BFG135、2SC3356 等；在数字电路中，通常选用开关三极管，如 S9014、D1640、2SB772、2SC2625、MJE13 系列；结型场效应管如 2SK508、20N60、MMBF5484、LT1G、NTD2955 等；金属—氧化物半导体场效应晶体管如 SI230X 系列。另外还可以根据参数选择三极管，或选择尺寸合适的封装形式的三极管。

(2) 模拟集成电路的选择。

常用的模拟集成电路主要有运算放大器、电压比较器、集成稳压块、模拟乘法器、函数发生器等。设计中一般是按照先粗后细的方法选择集成电路：先根据总体设计方案考虑选用什么类型的集成电路；然后再进一步考虑它的性能指标与主要参数，例如，运算放大器的差模和共模输入电压范围、输出失调参数、开环差模电压增益、共模抑制比等；最后应综合考虑价格等其他因素，再决定选用什么型号的器件。

常用的运算放大器有普通运算放大器、高精度运算放大器和高频运算放大器三大类。其中高精度运算放大器又可分为普通双端输入运算放大器、差分输入运算放大器、调零运算放大器,无论哪种类型的运算放大器,它们都存在一些共性,大体表现在:①输入特性:输入的共模、差模、输入阻抗;②输出特性。输出的阻抗、输出电流的负载能力;③运算放大器的频率特性。普通运算放大器有 LM1/2/324、LM358、TLV4314-Q1、TLV8544、LMV551-Q1、TLV314-Q1 等。高精度运算放大器有 OP07、OPA2196、OPA1692、OPA189、OPA145 等。高频运算放大器有 OPA838、OPA2810、THS4552、TLV3544、TLV3542 等。

线性稳压电源有线性串联型稳压电源和线性并联型稳压电源两种。从它的综合调整率来看,一种是作为普通的线性稳压电源,另一种是作为基准的稳压电源。线性稳压电源有 LM78XX、LM79XX、LM317、XX1117-xx、TPS7A49、TPS7A30、LP5907、LP5912、LP5910 等。开关稳压电源有 TPSM846C23、TPSM84203、TPSM84205、TPSM84212、LMS3655 等。

(3) 数字集成电路的选择。

数字 IC 系列产品大体上分为 TTL 型、ECL 型、CMOS 型三大类。

TTL 型的典型产品为 54/74 系列数字集成电路,其中 54 系列为军品,74 系列为民品。TTL 集成电路的主要特点:不同系列的产品相互兼容,选择余地大;参数稳定,使用可靠;工作速度和功耗均介于 ECL 型与 CMOS 型之间,工作速度范围较宽;采用+5 V 电源供电。

ECL 和 TTL 一样也是双极型数字 IC,其系列产品主要有 ECL-10K 与 ECL-100K 两种系列,产品限于中小规模集成电路,其主要特点:工作速度快;输出内阻低,带负载能力强;功耗大。

CMOS 型是用 MOSFET 作为开关元件,属于单极型数字 IC,其系列产品主要有标准型(4000 系列、4500 系列)、40H 型、74HC 型与 74AC 型四种。它的主要特点:静态功耗低,输入阻抗极高,抗干扰能力强,扇出能力强。

1.3 电子电路安装技术

在完成电子电路设计后,需要对电路进行安装。对于简单的小系统,直接在万用板上焊接电路;对于复杂的系统,首先绘制 PCB 图,制作 PCB 板,然后进行电路安装调试。在焊接或安装的过程中,电子元器件的布置和安装接线是否合理,对电路的性能有很大影响。如果接线不当,可能会引起电路中各处信号的相互耦合,使电路工作不稳定。因此,必须认真对待对元器件的布置和安装接线。

1.3.1 电子电路安装布局的原则

总体电路的布局没有固定的模式,一般可遵循的布线原则如下。

(1)根据元器件的形状和电路板的面积合理布置元器件的密度。

①输入回路应远离输出回路。

②相邻元器件就近安置,做到布置合理、密度适中。

③用不同颜色的塑料导线表示电路中不同作用的连线。

④对有电磁耦合的元器件进行自身屏蔽。

⑤发热的元器件应靠边安装在散热条件好的地方。

⑥工作频率较高的电路,连线要短,且元器件应就近放置。

⑦所有元器件的标志一律向外,各种可调的元器件应安装在便于调整的地方。

(2)地线的布置。

公共地线是所有信号共同使用的通路,合理布置地线对改善电路性能和提高电路工作的稳定性有重要作用。为避免各级电流通过地线时产生相互间的干扰,特别是末级电流通过地线对第一级的反馈干扰,以及数字电路部分电流通过地线对模拟电路产生干扰,通常采用地线割裂法使各级的地线是割裂的,不直接相连,然后再分别接到公共的一点。

利用地线割裂法布置地线时应注意:①数字电路与模拟电路不允许共用一条地线;②输入信号的"地"应就近接在输入级的地线上;③输出信号的"地"应接公共地,而不是输出级的"地";④输出级与输入级不允许共用一条地线;⑤各种高频和低频退耦电容的接"地"应远离第一级的地。另外,地线有屏蔽作用,可用它将前级电路和后级电路相互隔开,以减少前后级之间的耦合。

1.3.2 焊接技术

组装电路的主要工作就是在印刷电路板上焊接元器件。而焊接质量的好坏直接影响到电路的性能和工作的可靠性。因此,掌握焊接技术是从事电子产品设计、生产和维修人员的基本功。

1. 焊接工具和材料

(1)电烙铁。

电烙铁是利用热源熔化焊锡,加热焊点,使焊锡能很好地附着在被焊元器件和电路板的焊盘上。电烙铁是焊接的主要工具。

电烙铁的烙铁头是由导电性能很好的铜制材料做成的。烙铁头的形状和温度对焊接质量影响很大,烙铁头应锉成自己需要的形状,如锥形、平凿形等。烙铁头锉好后(对于合金烙铁头不能用锉刀挫,只能用焊膏或松香清洗,以免破坏合金镀层),接通电源加热,先沾上松香,再沾上焊锡,可防止烙铁头长时间加热后,因氧化被"烧死"而不再沾锡。

较长时间不用的电烙铁应调低电源电压或暂时断开电源,否则烙铁头表面会因长时间加热被氧化而变黑,影响使用。

电烙铁有各种不同的功率,应根据不同的焊接对象选择不同功率的电烙铁。如焊接小功率晶体管、集成电路和小型元器件时,可选用 20～30 W 的电烙铁;如焊接焊片、电位器、大电解电容等元器件时,可选用 50 W 的电烙铁;如焊接粗导线、大面积散热点、大型元件,则可选用 75～100 W 的电烙铁。

(2) 焊锡。

焊锡是焊接时用的焊料,它大多是锡和铅的合金。市场上出售的焊锡多为焊锡丝,它有两种规格:一种是松香焊锡丝,另一种是无松香焊锡丝。焊接时一般选用松香焊锡丝,无需加助焊剂。

(3) 助焊剂和阻焊剂。

① 助焊剂。助焊剂可以改善焊接质量。常用的助焊剂有两种:一种是酸性助焊剂,如焊锡膏、焊油,它去除氧化物的能力强,但对金属有腐蚀作用;另一种是中性助焊剂,如松香或松香酒精阻焊剂,它不仅可除去焊体表面的氧化物,而且对金属无腐蚀作用,因此,在电子线路的焊接中得到广泛使用。

② 阻焊剂。阻焊剂是一种耐高温、附着力较强的阻焊涂料。它能有效地防止焊接中导线搭接、短路等问题。

2. 焊接工艺

对电子电路的焊接质量要求焊接牢固、无虚焊;焊点光亮、圆满、饱满、无裂痕、大小适中一致,如图 1-4 所示。

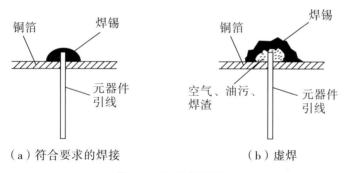

图 1-4 焊点质量要求

3. 焊接步骤

焊接前要用刀或砂纸除去引线表面的锈迹或氧化物,然后沾上松香酒精,搪上锡。焊点表面则用酒精清洗,并沾上松香酒精。否则会造成不易"吃锡",甚至虚焊。

接着,对照印制电路板的安装图,将已清洁好的元器件引脚弯成所需的形状,插在印刷电路板上相应位置的孔内。此时应注意元器件的极性、集成电路的型号和方向等,管脚不能插错。然后,用右手小拇指支撑在印刷电路板上使电烙铁稳定,从而进行焊接操作。正确的焊接操作步骤如下:①将焊锡丝和电烙铁头移向焊接点;②将电烙铁头置于焊接处,加热焊接部位1~2 s;③将焊锡丝紧靠烙铁头,焊锡丝熔化并浸润焊点;④当焊锡丝熔化到一定量时,移开焊锡丝;⑤当焊锡丝浸润到全部焊接部分时,移开电烙铁。

对于初学焊接者,应注意:①焊接时必须扶稳焊件,特别是在焊锡凝固过程中不能晃动焊件,否则容易造成虚焊;②烙铁头加热焊件与焊点表面时,不必加压或来回移动烙铁头,以免损坏元器件和焊点印刷线;③焊锡不要太多,能包住焊接头即可;④焊接各种管子时,最好用镊子夹住管子引脚进行焊接,防止温度过高烧坏管子;⑤对于镀金或镀银的引脚,焊接前不要净化处理和搪锡,否则会造成接触不良。

1.3.3 半导体器件引脚识别

半导体器件种类繁多,引脚数目与功能各异。准确识别器件的引脚,最可靠的方法还是查阅器件手册。

1. 双列直插式集成电路

双列直插式集成块顶视图如图1-5所示,标记缺口或小圆孔的下方引脚为第1引脚,依次逆时针计数,下一排引脚号从左到右为1~8;上一排引脚号从右到左为9~16。国内外器件引脚识别方法均相同。至于各引脚的功能必须查阅集成电路手册。

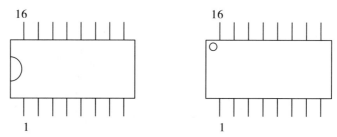

图1-5 集成电路引脚图

2. 二极管和稳压管

构成二极管和稳压管的内部结构均是一个PN结,它只有2个引脚——正、负引脚。其正负引脚的识别方法:用指针万用表"$R\times 1$ k"或"$R\times 100$ k"档测两个管脚之间的电阻,将表的红(+)、黑(-)表笔各接二极管(或稳压管)一管脚,测得电阻值最小的一次,则红笔接的是负极,黑笔接的是正极;对于数字万用表一般有专有的二极管测量档,其红黑表笔的方法和指针表相反。若测得阻值总是∞或0,则说明管子内部开路或短路,管子已坏。

3. 双极型晶体管

直插的小功率晶体管常见有两种封装,一种是塑料封装,一种是金属圆帽外壳。如图 1-6 所示是塑料封装晶体管,管壳上一般有一个切角平面,观察者面对切角面,管脚朝下,由左至右管脚依次为 1、2、3,常见排列按 1、2、3 次序分别为 E、B、C 或 B、C、E。

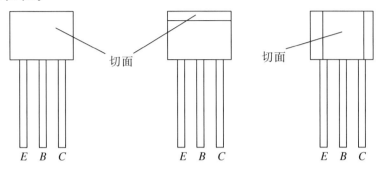

图 1-6 塑料管壳晶体管

如图 1-7 所示是金属外壳管子的管脚底视图(即管脚朝上,冒顶朝下,面对管底观察到的图),其中左边两种是带定位销标记的管子,由定位销算起,按顺时针方向,管脚依次为 E、B、C、D(管壳)。最右边一种是不带定位销的管子,观察者面对管脚的上半圆,按顺时针方向,管脚依次为 E、B、C 或 B、C、E。

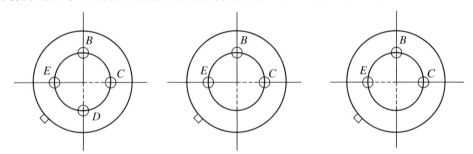

图 1-7 金属外壳管子的管脚底视图

4. 场效应管

小功率场效应管的封装一般等同于双极型晶体管,其 G、D、S 极类同于 B、C、E 极。不同的是场效应管引脚排列一般只有按 1、2、3 脚为 G、D、S 顺序。

1.3.4 印刷电路板设计与制作技术

印刷电路板(PCB)就是在一块绝缘板上覆着由铜箔构成的电路连线图的电路板,它的功能是连接电路和固定元器件。因为它的制作与印刷制板相似,所以称为印刷电路板。

1. 印刷电路板版图设计

印刷电路板版图设计就是印刷电路板上连线图的设计。应根据电路原理图和所用的元器件,合理地设计出连线图。

印刷电路板根据其布线方式可分为单面板、双面板、多层板等。单面板是在上面安装元件,底面铜箔构成焊接点和电路连线,穿孔安装元器件。双面板是在上、下层都有导电连线,相互之间可通过金属化孔连接。多层板除了上、下层布线外,中间也有布线层,一般上层安装元器件,又称为元件面,下层对元件进行焊接,又称为焊接面。

印刷电路板版图设计有手工设计和计算机辅助设计两种实现方式。手工设计效率低,易出错,而且花费时长。而计算机辅助设计大大加快了设计速度,提高了设计质量。

1. 手工设计

手工设计印刷电路板版图步骤:

①确定布线方式。一般都是根据连线密度来决定布线方式,布线方式和线路密度可参考表1-1。

表1-1 布线方式和线路密度

布线方式	连线密度(cm/cm^2)
单面板	10
双面板	20
多层板(4层)	65
多层板(8层)	90

②根据实际要求确定印刷电路板的大小和形状。如果电路板的大小和形状已规定时,可按照确定的形状在坐标纸上画框,外框尺寸一般按1∶1或1∶2的比例画。如果电路板的大小和形状未规定,可根据电路原理图规定的元器件数量、大小等来确定其大小和形状,然后同上用坐标纸画出来。

③布局元器件。首先考虑引线接插件的位置,应使连接尽可能短。其次考虑其他元器件的布局,一般可依照信号流向原则或相邻原则布置。信号流向原则是指元器件按信号传输顺序排列,从而减小相互间的耦合干扰。相邻原则是互连线多的元件尽可能相邻排列,从而减小引线长度。如果板上有大功率器件时,应考虑其发热对周边器件的影响,尤其是对热敏器件的影响。

④画引脚位置图。在布局元器件后,根据元器件的封装画出引脚位置图,并确定穿孔和焊盘的尺寸。穿孔一般比元器件的引脚直径大0.2~0.5 mm,焊盘直径可选穿孔直径的两倍或更大。对于双列直插装器件,脚与脚之间的中心距为2.54 mm,直径约为0.6 mm,可用直径为0.8 mm的穿孔。焊盘直径用1.6 mm或2.0 mm。另外还应使同一类元器件尽可能朝向一致。

⑤画连线。连线的线宽度根据通过它的电流大小来确定。对于普通的制板

技术,线宽不小于 0.3 mm。电源线和地线尽可能加宽,有利于降低连线电阻。在高输入阻抗线路中,应考虑电路板的漏电流对输入的影响。单面板只在一面布线,若有两个点之间无法直接连通,允许使用外加跨线。双面板在两面布线,布线原则是一面以横线为主,另一面以纵线为主,两面连线的连接可通过引线孔实现。双面板一般不再使用外加跨线连通。

⑥画印刷板组装件装配图。画印刷板组装件装配图的原则是视图选用元件面;对有极性元件、安装有方向性的元件,应分别标明极性和方向;元器件采用简化外形绘制;在外形图中标注与原理图中代号对应的代号;跨接线用粗线标出。

2. 计算机辅助设计

(1)输入电路原理图。

它包括电路元器件的代号、外形、引脚排列方式、间距、焊盘、安装孔的大小、尺寸及相互间的电路连接等。

(2)输出原理图。

通过相应设备输出电路原理图,并对原理图进行仔细检查,以备测试和检查电路使用。

(3)原理图后处理。

利用原理图后处理软件对原理图进行处理,生成网络表文件(用于印刷版自动布局、自动布线,并在印刷板版图设计完成后用于规则校验)、连线表文件(提供给用户进行连线检查)、元件明细表文件(便于用户进行手工布局及准备器件材料)和错误信息文件,用户检查错误信息文件并纠正。

(4)布局。

布局的目的就是将元器件放置在印刷电路板上,布局方法有手工布局、手工预布局加自动布局、自动布局。一般都采用手工预布局加自动布局的方法,首先设定布局范围,即根据印刷电路板大小和形状画出边框,布局的元器件只能放在边框的内部;接着预布局,即对于特殊要求的元件,采用手工布局;然后进行自动布局,注意自动布局前应先调入网络表文件,并设定元器件之间最小间隔;最后调整布局。

(5)布线。

布线方法有人工布线、人工预布线加自动布线、全自动布线。布线前应先设置可布线层、线宽、线与线之间的中心距离、过孔孔径等。布线后需确认是否全布通,若有未能连通的地方,应通过人工走线或调整部分连线进行布线,直至全部连通为止。

(6)布线调整。

如对自动布线的结果不满意的话,可根据合理与美观的原则,对线的转角、走向、线与线之间的间距等作适当的调整。对于电流大的导线,应适当加宽,尤其是电源线和地线。若同一块印刷板上既有模拟电路又有数字电路,应把模拟地和数字地分开,最后单点连接。

(7) 规则校验。

根据生成的网络表文件,对印刷电路板版图中连线及间隔进行检验、检查并纠正。同时,检查并纠正预设定的连线、焊盘、过道等相互之间的间隔,直至通过规则校验为止。

(8) 丝印层。

丝印层又称为顶层,对应于印刷板组件装配图,应使所在位置与所要说明的元器件对应,同时文字之间不能发生交错、重叠等。

(9) 输出印刷电路板图。

正确无误完成以上步骤后,可通过打印机或绘图仪输出印刷电路板图。

2. 印刷电路板生产技术

印刷线路板(PCB)生产一般是由专业厂家来完成,但作为产品设计试样有诸多不便,尤其是时间问题,所以很多情况下还是自己先期自制。对于小规模线路板,电路工作频率不高、电流不大的电路直接使用通用的"洞洞板"或"面包板"将直插元件插在板子上,然后用导线或焊锡拖连来实现引脚的各种连接。

其他电路最好还是自制 PCB 板,目前自制 PCB 的方法很多,有手绘法、光照造影成像法、转印法等。其中转印法制作的 PCB 综合评价指标还是比较高的,所以应用较为广泛。当然如果条件许可,造影法制造的 PCB 的精度较好。下面简单介绍一下转印法自制印刷电路板。

转印法自制印刷电路板,基本都是采用各种方法在成品覆铜板上将需要保留的铜箔印上覆盖物,以保证将来蚀刻处理时不被腐蚀掉。其基本步骤如下:

① 用 Altium Designer 或其他软件绘制 PCB 板。注意安全距离最好在 0.4 mm 以上,线宽最好是 0.5 mm 以上。另外,焊盘也不能用 Altium Designer 默认的,这样的焊盘太小了,要改大点,最好是 2 mm 左右,这样线不容易短路或是断线。当然,对于有经验者,这个数字可以再缩小。

② 打印。打印必须用激光打印机,纸只能是热转印纸或者广告贴纸,并在打印排版时将 toplayer 镜像,即在全选状态下点击鼠标左键并按键盘 x 键,再点 yes 按钮。

③ 转印。先裁好铜板并留有一定的余量,用砂纸磨光亮后(尤其是边缘的毛刺,防止接触不紧密),用纸擦去铜粉,并用酒精清洗一遍,另一面也做同样的处理。然后将打印好的有墨粉的一面热转印纸贴在处理过的铜板上,用电熨斗或过塑机加热加压,有条件的最好用过塑机。再钻 2~3 个定位孔(可以在画 PCB 时,

在板子边缘放几个焊盘或过孔),将另一面的转印纸通过定位孔定好位,并用胶带贴好(最好用纸质的,可以只固定一边),接着用同样方法加热加压。定位很重要,一定要细心,定位偏差太大的话就会前功尽弃。

待板子冷却后,撕去转印纸。可以不必完全冷却,因为这样纸容易粘得太牢而不好撕,如果出现这种情况可以把板子泡在水里,小心撕去转印纸。

④腐蚀。PCB 腐蚀剂有各种专用粉末试剂,早先还有三氯化铁等,此溶液具有一定腐蚀性,操作时务必注意人身安全,可带上医用橡胶手套。先将水倒入塑料盆里,接着倒入一定比例的腐蚀剂,搅拌后放入板子,不停地晃动塑料盆,以加快反应速度,注意不要过腐蚀,反应完务必用清水将塑料盆冲洗干净。

⑤钻孔。用台钻或小电钻打孔,钻头直径一般为 0.8 mm 左右。钻完孔后用砂纸磨掉墨粉层,再用酒精溶液洗净,涂上酒精松香溶液以防止铜层被氧化。

⑥正反面的走线(过孔或正反相连的焊盘)连接。正反面的走线方法是用细导线穿过孔后两边焊接。

1.4 电子电路调试与抗干扰技术

1.4.1 电子电路调试

电子电路调试是课程设计的关键环节,是理论与实践相结合的关键阶段。由于元器件性能的分散性,以及许多人为因素的影响,一个组装好的电子电路必须经过调试才能满足设计要求。

1. 调试前的直观检查

(1)元器件的检查。

在完成电路安装接线后,应对设计电路所用的元器件进行检查:元器件的位置、型号及集成电路的插向是否正确;二极管、三极管、电解电容等元器件的极性连接是否正确;所有电阻的阻值是否符合要求。

(2)连线的检查。

完成元器件的检查后,便可检查电源线、地线、信号线以及元器件引脚之间有无短路,连接处是否接触不良;检查电源线和地线之间是否有短路,否则会烧坏电源;检查电源是否短路。

此外,还需认真检查电路的接线是否正确,从而避免接错线、少接线和多接线。为了避免做出错误诊断,可以采用两种方法查线:逐一对照设计电路图检查安装的线路;逐一对照电路原理图检查实际安装的线路,从而把每个元件引脚连线的去向查清楚。

2. 调试方法与调试步骤

(1)调试方法。

①分块调试法：设计总体电路按功能可分成若干个模块，分块调试就是按照信号的传递方向对每个模块分别进行调试。实施分块调试法有两种方式：一种是边安装边调试，即按照信号传递方向组装一模块就调试一模块；另一种就是总体电路一次组装完毕后，再分块调试。分块调试法的优点是出现问题的范围小，可及时发现并解决问题。

②整体调试法。整体调试法就是把整个电路组装完毕后，实行一次性总调。此方法只适合定型产品或某种需要相互配合、不能分块调试的产品。

就分块调试法和整体调试法，它们的调试内容都包括静态调试和动态调试。对于测试电路中各点电位、基本放大电路的静态工作点、数字电路中的高低电平和逻辑关系等都属于静态调试。而调试信号幅值、波形、相位关系、频率、放大倍数及时序逻辑关系等都属于动态调试。另外，若一个电路包括模拟电路、数字电路和微机系统三部分，应分三部分分别进行调试后再进行整机联调。

(2)调试仪器。

①万用表。万用表可用来测量交流电压、直流电压、电流、电阻及 β 值，还可用于判断二极管、三极管、稳压管及电容的引脚与好坏。

②示波器。示波器常用于观测电路各点波形幅度、宽度、频率及相位等动态参数。选择示波器时需注意示波器的频率必须大于被测信号的频率，否则，被观察的波形会严重失真。

③信号发生器。信号发生器是用来产生调试中需要外加的波形信号的，如正弦波、三角波、方波及单脉冲波等。常用的信号发生器有多功能信号发生器、函数发生器等。

(3)调试步骤。

无论是分块调试还是整体调试，其调试步骤大体如下：

①调试准备——检查电路。在通电调试之前，必须认真对照电路图，按一定的顺序逐级检查电路连线是否有误。

②通电观察。正确连接调试电路所需电源，首先观察电路是否有异常现象，如冒烟、异常气味、放电的声光、元器件发烫等。如果有，应立即关闭电源，待排除故障后再重新接通电源。然后测量每个集成块的电源引脚电压是否正常，以确定电路是否通电工作。

③静态调试。对于模拟电路，测试电路的静态工作点；对于数字电路，则加入固定电平，测试电路各点电位和逻辑功能，以判断电路的工作是否正常。

④动态调试。加上输入信号，用示波器观察电路的输入波形、输出波形和逻

辑状态。对于模拟电路,观测输出波形是否符合要求;对于数字电路,则观测输出信号波形、幅值、脉冲宽度、相位及动态逻辑关系是否符合要求。

⑤指标调试。认真测量并记录测试数据,并对测试数据进行分析,确定电路的技术指标是否符合设计要求。如果不符,就对某些元件参数加以调整和改变,甚至对某部分电路或整个电路进行修改。

3. 调试中常见故障与处理

(1) 电子电路故障。

故障是指电路对给定的输入不能有正确的输出。在模拟电路中,常见的故障有静态工作点异常、电路输出波形反常、带负载能力差、自激振荡等;在数字电路中,常见的故障有逻辑功能不正常、时序错乱、带不起负载等。

(2) 故障的简易诊断。

首先给电路输入端施加一个合适的信号,按照信号的传递方向,逐级观测各级模块的输出是否正常,从而找出故障所在模块,然后查找故障模块内部的故障点。其步骤如下:

①检查元器件引脚的电源电压。

②检查电路关键点上电压的波形和数值是否符合要求。

③断开故障模块的负载,判断故障是来自故障模块本身还是它的负载。

④对照电路图,仔细检查故障模块内电路是否正确。

⑤检查可疑的故障元器件是否已损坏。

⑥检查用于观测的仪器使用是否正确或有问题。

⑦重新分析电路原理图是否正确。

(3) 常见的故障原因。

造成故障的原因是多种多样的,有人为因素引起的,也有设计、工艺和环境因素引起的。对于课程设计的电路,人为造成的常见故障有:

①用错集成电路芯片;集成电路芯片插反;元器件参数不合理。

②二极管、稳压管的极性接反;电解电容的极性接反。

③电源极性接反或电源线断路。

④接触不良。

⑤焊点虚焊、焊点碰接。

1.4.2 抗干扰技术

大多数的电子电路都是在弱电流下工作的,而且电路及其电子器件的灵敏度非常高,因此很容易因干扰而导致电子电路工作失常。为此,在设计电子电路时,提高电路的抗干扰能力是非常重要的。常见的抑制噪声的措施有如下几种。

1. 正确选择元器件

正确合理地选择元器件,可以减少噪声的产生。例如,在低噪声电路中常使用金属膜电阻器;结型场效应管相对于三极管来讲具有较高的输入阻抗和较小的噪声,常用于低噪声的前置放大器;对于具有强电磁干扰且存在大的共模干扰信号的环境,要求传输有用信息时,要选用光大耦合或光电耦合放大器。

2. 正确分布元器件

在电子电路中,元器件的布局不合理,同样会造成电路的相互影响。正确的布局原则如下:

①元器件的引线要尽量短,而且不允许有交叉电路。对于印刷电路板中可能交叉的线条,可用"钻""绕"等办法解决。

②电源线不要与信号、灵敏的电子电路接近或平行;电源变压器、开关电源中的大功率开关及滤波电容要尽量远离信号的输入级;信号输入线不仅要尽量短,而且要和输出线尽量分开;电路间应采用分开或屏蔽的方法,相互隔离。

③同一级电路的接地点应尽量靠近,并且本级电路的电源滤波电容应接在该级接地点上。

④总地线必须严格按高频—中频—低频逐级从弱电到强电的顺序排列,对于高频电路采用大面积包围式接地,以保证有良好的屏蔽效果。

⑤强电流引线(公共地线、功放电流引线等)应尽可能宽些。

⑥高阻抗的走线要尽量短,低阻抗的走线可长一些。射极输出器的基极走线、放大器集电极走线、同相比例运算放大器输入走线等均属于高阻抗走线;电源线、地线、无反馈元器件的基极走线、发射极引线等均属于低阻抗走线。

⑦收录机、电视机、立体声扩音机等的两个声道的地线必须分开,各自成一路,一直到功放末端再合起来。

3. 开关、触点干扰的抑制

对于电路中操作开关、按钮、键盘等机械触点的摩擦和抖动,很容易产生噪声,这时可采用如图 1-8 所示的电路来抑制干扰。

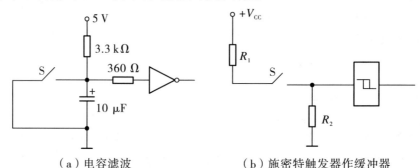

(a) 电容滤波　　　　　(b) 施密特触发器作缓冲器

图 1-8　机械触点干扰的抑制

4. 自激振荡的消除

(1) 采用外部相位补偿电路。

如图 1-9 所示为外部相位补偿电路,它是防止和消除高频自激振荡的基本方法。图中 R_1C_1 和 R_2C_2 为补偿环节,一般情况下,采用两种补偿中的一种即可。

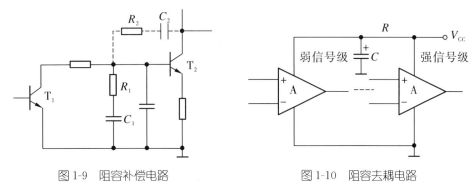

图 1-9　阻容补偿电路　　　　图 1-10　阻容去耦电路

(2) 采用 RC 去耦电路。

如图 1-10 所示为低频振荡中消除自激振荡的方法,通常 R 取 $100\ \Omega$ 左右,C 取几十微法即可。

除此之外,对于公共阻抗耦合产生的自激振荡,主要是通过在放大电路正、负电源端对地加电解电容和 $0.01\sim 0.1\ \mu F$ 的独石电容进行高、低频滤波。

5. 滤波与去耦

(1) 采用线路滤波器。

滤波器是一种让电源频率附近的频率成分通过,而对高于这种频率成分的信号进行很大衰减的电路。如图 1-11 所示是在直流电源变压器之前接入线路滤波器,用来抑制自电网的高频噪声,此线路滤波器应置于屏蔽罩内。其中图 1-11(a) 为双 LC 线路滤波器,图 1-11(b) 为双 LCπ 形线路滤波器。通常取电感 $L=100\sim 1000\ \mu H$,电容 $C=0.01\sim 0.1\ \mu F$(其耐压在 $400\ V$ 以上)。实践证明,滤波器对于抑制电网中的各种噪声起到了关键作用,大大提高了电子设备的抗干扰能力。

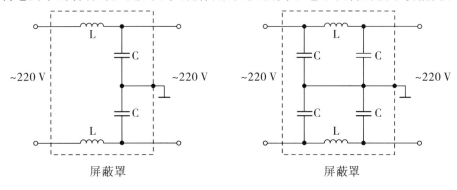

(a) 双LC线路滤波器　　　　(b) 双LCπ形线路滤波器

图 1-11　线路滤波器电路

(2)电源线的去耦。

在数字系统中,TTL 集成门电路的输出状态转换瞬间会产生较大的尖峰脉冲电流,这个电流可通过电源耦合到其他电路中。因此,必须把去耦电路加在 TTL 集成电路的各印刷电路的直流电源线上。此时可用 LC 电路去耦,如图 1-12(a)所示,通常 $L=2.2\ \mu H$、$C=10\sim 50\ \mu F$。当然也可采用电容去耦,如图 1-12(b)所示。

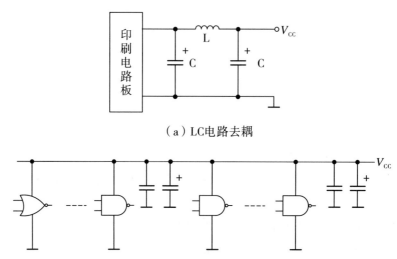

(a) LC电路去耦

(b) 电容去耦

图 1-12 电源去耦滤波器的电路

基本模拟电路的设计

任何一个复杂的电子系统都是由若干个单元电路组成。在设计电子系统时,首先将复杂的模拟系统电路的设计分解为若干个基本功能电路,再对这些基本功能电路进行设计。

本章主要介绍分压式共射放大电路、RC振荡电路、OCL功放电路和加法、减法等运算电路的设计方法,对电路中元器件选择给出估算公式或经验数据,力求做到将定性分析、定量估算与《电子技术基础》课程内容有机地结合起来。

2.1 分立元件放大电路的设计

2.1.1 共射放大电路设计

1. 阻容耦合分压式共射放大电路设计公式

图 2-1 电路是最常用的分压式共射放大电路,图中 R_{B1} 和 R_{B2} 为基极偏置分压电阻,当流过 R_{B1}、R_{B2} 的电流远大于流过基极的电流 I_B 时,基极电位 U_B 才能视为固定不变的。一般情况下,取

$$I_1 = (5 \sim 10)I_B (\text{硅管}) \tag{2-1}$$

$$I_1 = (10 \sim 20)I_B (\text{锗管}) \tag{2-2}$$

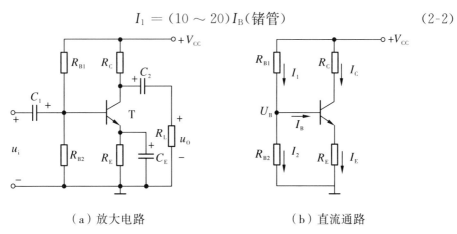

(a) 放大电路　　　　　　(b) 直流通路

图 2-1　分压式共射放大电路

$$U_B = (4 \sim 10)U_{BE} \tag{2-3}$$

故有

$$R_E = \frac{U_E}{I_E} \approx \frac{U_B - U_{BE}}{I_C} \qquad (2\text{-}4)$$

对于小信号放大器,I_C 取 0.5~2 mA,$U_E = (0.2$~$0.5)V_{CC}$,可得

$$R_{B2} = \frac{U_B}{I_1} = \frac{\beta U_B}{(5$~$10)I_C} \qquad (2\text{-}5)$$

$$R_{B1} = \frac{V_{CC} - U_B}{U_B} R_{B2} \qquad (2\text{-}6)$$

射极旁路电容

$$C_E \geqslant (1$~$3) \frac{1}{2\pi f_L \left(R_E \; // \; \frac{R_S + r_{be}}{1+\beta}\right)} \qquad (2\text{-}7)$$

耦合电容

$$C_1 \geqslant (3$~$10) \frac{1}{2\pi f_L (R_S + r_{be})} \qquad (2\text{-}8)$$

$$C_2 \geqslant (3$~$10) \frac{1}{2\pi f_L (R_C + R_L)} \qquad (2\text{-}9)$$

2. 设计示例

(1) 设计任务。

设计一阻容耦合单级晶体三极管放大器。电源电压 $V_{CC} = +12$ V,$R_L = 5.1$ kΩ,$U_i = +10$ mV,$R_S = 200$ Ω。电路性能指标要求:$A_u > 50$,$R_i > 1$ kΩ,$R_o < 5$ kΩ,BW=0.1~100 kHz。

(2) 设计说明。

① 选择电路形式及晶体三极管。电路采用图 2-1(a)所示的分压式共射放大电路。因放大器的上限频率较高 $f_H = 100$ kHz,查表 8-11 选用高频小功率管 E9014,其性能参数:$I_{CM} = 100$ mA,$U_{(BR)CEO} \geqslant 45$ V,$f_T = 150$ MHz,远大于 $3f_H$,满足要求。选取 $\beta = 100$。

② 设置静态工作点、元器件选取。根据性能指标的要求 $R_i \approx r_{be} > 1$ kΩ 和式(2-10)

$$r_{be} \approx 200(\Omega) + (1+\beta) \frac{26(\text{mV})}{I_E(\text{mA})} \qquad (2\text{-}10)$$

可以推导出

$$I_C \approx I_E < \frac{26\beta}{1000 - 200} = 3.25 \text{ mA}$$

晶体三极管工作于小信号状态,I_C 在 0.5~2 mA 内选取,可取 $I_C = 1.5$ mA。若取 $U_B = 3$ V,根据公式(2-4)、(2-5)、(2-6)可求得

$$R_E \approx \frac{U_B - U_{BE}}{I_C} = \frac{3 - 0.7}{1.5} = 1.53 \text{ kΩ} \qquad \text{取标称值 } 1.5 \text{ kΩ}$$

$$R_{B2} = \frac{\beta U_B}{(5 \sim 10) I_C} = \frac{100 \times 3 \text{ V}}{(5 \sim 10) \times 1.5 \text{ mA}} = (20 \sim 40) \text{ k}\Omega \quad \text{取 } R_{B2} = 30 \text{ k}\Omega$$

$$R_{B1} = \frac{V_{CC} - U_B}{U_B} R_{B2} = 72 \text{ k}\Omega$$

为使静态工作点调整方便，R_{B1} 可由 51 kΩ 电阻与 51 kΩ 电位器串联而成。

$$r_{be} \approx 200(\Omega) + (1+\beta) \frac{26(\text{mV})}{I_E(\text{mA})} = 1950 \text{ }\Omega$$

根据 $A_u \approx -\frac{\beta R'_L}{r_{be}}$ 可推导出 $\quad R'_L \approx \frac{A_u r_{be}}{\beta} = 975 \text{ }\Omega$

$$R_C \approx \frac{R'_L R_L}{R_L - R'_L} = 1.21 \text{ k}\Omega \quad \text{取标称值 } 1.2 \text{ k}\Omega$$

根据式(2-7)、(2-8)、(2-9)可以得出

$$C_E \geqslant (1 \sim 3) \frac{1}{2\pi f_L \left(R_E // \frac{R_S + r_{be}}{1+\beta}\right)} = 131 \text{ }\mu\text{F} \quad \text{取标称值 } 150 \text{ }\mu\text{F}$$

$$C_1 \geqslant (3 \sim 10) \frac{1}{2\pi f_L (R_S + r_{be})} = 7.4 \text{ }\mu\text{F} \quad \text{取标称值 } 10 \text{ }\mu\text{F}$$

$$C_2 \geqslant (3 \sim 10) \frac{1}{2\pi f_L (R_C + R_L)} = 2.5 \text{ }\mu\text{F} \quad \text{取标称值 } 10 \text{ }\mu\text{F}$$

③由此可画出所设计电路，如图 2-2 所示。

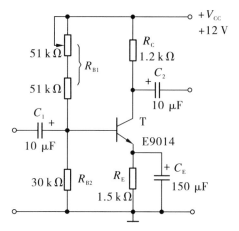

图 2-2　阻容耦合分压式共射放大电路

2.1.2　共集放大电路设计

1. 基本共集放大电路组成

基本共集放大电路如图 2-3 所示，由于信号从发射极输出，故也称为射极输出器。V_{CC} 与 R_B、R_E 相配合，使三极管有合适的静态基极电流 I_B、发射极电流 I_E 和静态管压降 U_{CE}。

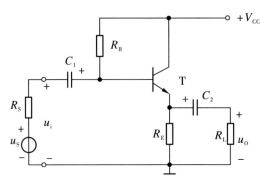

图 2-3 基本共集放大电路

2. 射极输出器设计示例

(1) 设计任务。

设计一射极输出器用作某放大电路的输出极。电源电压 $V_{CC}=+12$ V，输出电压 $U_O=1$ V，输出电流 $I_O=1$ mA，工作频率 $f=0.05\sim50$ kHz。

(2) 设计说明。

①设计任务对电路的输入电阻、输出电阻无特殊要求，为稳定静态工作点，采用分压式电路，电路如图 2-4 所示。由输出电压 $U_O=1$ V，输出电流 $I_O=1$ mA，故负载电阻

$$R_L=\frac{U_O}{I_O}=1 \text{ k}\Omega$$

②元器件的选择。R_E 可由 $R_E=(1\sim2)R_L$ 来选择，取 $R_E=2R_L=2$ kΩ。由输出电流 $I_O=1$ mA，取静态发射极电流 $I_E=3$ mA，由此可求出 $U_E=I_E R_E=3\times2=6$ V。

由图 2-4 可知 $U_B=U_E+U_{BE}=6+0.7=6.7$ V

查表 8-11，选用高频小功率管 E9014，其 $U_{(BR)CEO}=45$ V，$f_T=150$ MHz，远大于 50 kHz 的 3 倍。选 $\beta=100$ 的管子，则

$$I_B\approx\frac{I_C}{\beta}=\frac{3}{100}=0.03 \text{ mA}=30 \text{ }\mu\text{A}$$

为使静态工作点更稳定，流过 R_{B1} 的静态电流 I_{RB1} 要远大于流过基极的电流 I_B，选用 $I_{RB1}=(5\sim10)I_B=0.15\sim0.3$ mA，为了提高本级输入电阻，取 $I_{RB1}=0.25$ mA，则得

$$R_{B2}=\frac{U_B}{I_{RB1}}=\frac{6.7}{0.25}=26.8 \text{ k}\Omega \qquad 取标称值 27 \text{ k}\Omega$$

$$R_{B1}=\frac{V_{CC}-U_B}{I_{RB1}}=\frac{12-6.7}{0.25}=21.2 \text{ k}\Omega \qquad 取标称值 22 \text{ k}\Omega$$

一般取 C_1 为 10 μF，C_2 为 100 μF。

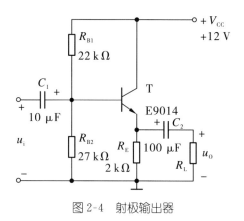

图 2-4　射极输出器

2.1.3　硅稳压管稳压电源的设计

1. 硅稳压管稳压电路的元器件选择计算

(1) 稳压管选择。

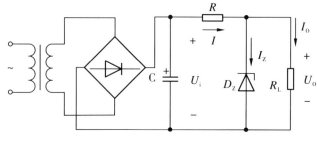

图 2-5　硅稳压管稳压电路

稳压管的稳定电压 U_Z

$$U_Z = U_o \tag{2-11}$$

为保证稳压管在负载断开时不会因稳定电流 I_Z 过大而损坏,最大稳定电流 I_{ZM} 应取最大负载电流 I_{omax} 的 2～3 倍,即

$$I_{ZM} = (2\sim 3)I_{omax} \tag{2-12}$$

为使稳压管可靠工作,稳压管的稳定电流 I_Z 还应满足

$$I_{Zmin} < I_Z < I_{ZM} \tag{2-13}$$

一般可取 $I_Z = (1/5\sim 1/2)I_{ZM}$。

(2) 限流电阻选择。

$$\frac{U_{Imax}-U_o}{I_{Zmax}} \leqslant R \leqslant \frac{U_{Imin}-U_o}{I_{Zmin}+I_{omax}} \tag{2-14}$$

R 的额定功率为

$$P_R \geqslant (2\sim 4)I^2 R \tag{2-15}$$

式中,I 为流过限流电阻电流。

(3) 整流二极管选择。

整流二极管的平均电流为

$$I_D = \frac{1}{2}I_o = \frac{1}{2} \cdot \frac{U_o}{R_L} \qquad (2\text{-}16)$$

考虑到电容滤波电路的冲击电流影响,二极管最大正向整流电流可由下式决定

$$I_F \geqslant (2 \sim 3)I_D \qquad (2\text{-}17)$$

二极管最高反向工作电压为

$$U_{RM} \geqslant U_{DM} = \sqrt{2}U_2 \qquad (2\text{-}18)$$

(4) 滤波电容选择。

滤波电容 C 的电容值为

$$C \geqslant \frac{(3 \sim 5)T}{2R_L} \qquad (2\text{-}19)$$

式中,T 为市电周期,$T=0.02$ s。

电容器耐压值取

$$U_{CN} \geqslant (1.5 \sim 2)U_2 \qquad (2\text{-}20)$$

式中,U_2 为变压器二次侧电压的有效值。

2. 硅稳压管稳压电路设计示例

(1) 设计任务。

试设计一硅稳压管稳压电路,要求当电源电压波动±10%和负载电阻在(0.5~2)kΩ 变化时,输出电压稳定在 5 V。

(2) 设计说明。

①电路如图 2-5 所示。

②稳压电路输入电压 U_i 的确定

$$U_i \approx (2 \sim 3)U_o$$

$U_i \approx (2 \sim 3)U_o = (10 \sim 15)\text{V}$　　取 $U_i = 12$ V

若电源电压波动±10%,则 $U_{imax} = 12 \times 1.1 = 13.2$ V,$U_{imin} = 12 \times 0.9 = 10.8$ V。

③稳压管选择。稳压管的稳定电压 U_Z

$$U_Z = U_o = 5 \text{ V}$$

$$I_{omax} = \frac{U_o}{R_{Lmin}} = \frac{5 \text{ V}}{0.5 \text{ kΩ}} = 10 \text{ mA}$$

查表 8-9,选择稳压二极管 1N4733A,其稳定电压在 $U_Z = 5.1$ V 左右,最大稳定电流 $I_{Zmax} \approx \frac{1\text{W}}{5.1\text{V}} = 196$ mA,$I_{Zmin} = 1$ mA。

根据公式(2-12),$(2 \sim 3)I_{omax} = (20 \sim 30)$ mA $< I_{ZM}$,满足要求。使用时,从

1N4733A 中选一只 $U_Z=5$ V 的管子。

④限流电阻选择。根据公式(2-14)，

$$\frac{U_{\text{Imax}}-U_{\text{o}}}{I_{Z\max}} \leqslant R \leqslant \frac{U_{\text{Imin}}-U_{\text{o}}}{I_{Z\min}+I_{\text{omax}}}$$

$$\frac{13.2-5}{196\times 10^{-3}} \leqslant R \leqslant \frac{10.8-5}{(1+10)\times 10^{-3}}$$

$$41.84 \ \Omega \leqslant R \leqslant 527 \ \Omega \quad 取标称值 330 \ \Omega$$

电阻 R 的额定功率由公式(2-15)求得

$P_R \geqslant (2\sim 4)I^2R=(2\sim 4)\times [(10+49)\times 10^{-3}]^2\times 330=(2.3\sim 4.6)$ W，故选用 4 W 功率金属膜电阻。

⑤滤波电容选择。根据式(2-19)求得

$$C \geqslant \frac{5T}{2R_{\text{Lmin}}} = \frac{5\times 0.02 \ \text{s}}{2\times 500 \ \Omega} = 100 \ \mu\text{F}$$

桥式整流电容滤波电路输入输出关系有

$$U_2 \approx \frac{U_i}{1.2} = \frac{12}{1.2} = 10 \ \text{V}$$

由式(2-20)求得电容器耐压值

$$U_{\text{CN}} \geqslant (1.5\sim 2)U_2 = (1.5\sim 2)\times 10 = (15\sim 20) \ \text{V}$$

滤波电容选为 $C=100 \ \mu\text{F}$，耐压值为 25 V 的铝电解电容器。

综上所述，即可画出如图 2-6 所示的硅稳压管稳压电路。

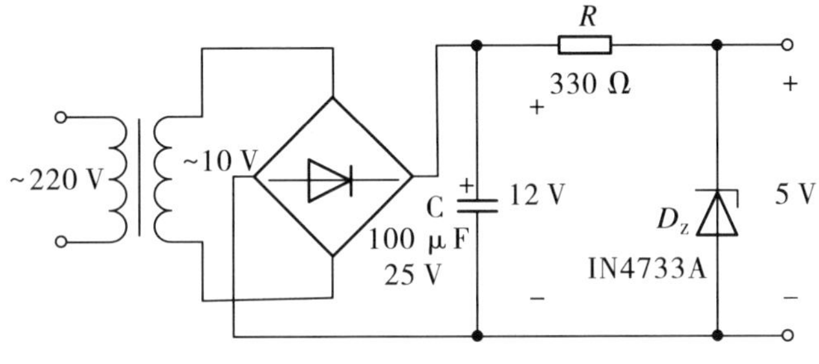

图 2-6 硅稳压管稳压电路

2.2 基本模拟运算电路的设计

用运算放大器组成的放大电路，按电路形式可分为反相输入放大电路、同相输入放大电路和差动输入放大电路三种。

2.2.1 反相比例运算电路设计

由运放组成的反相输入比例放大电路如图 2-7 所示。

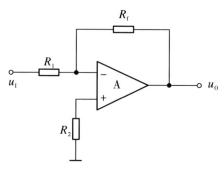

图 2-7 反相比例运算电路

闭环电压放大倍数为

$$A_{uf} = \frac{u_O}{u_I} = -\frac{R_f}{R_1} \tag{2-21}$$

由运放组成的反相输入比例放大电路具有如下重要特性：①在深度负反馈情况下工作时，电路的放大倍数仅由外接电阻 R_1、R_f 的值确定。闭环电压放大倍数应限定在 0.1～100 倍之间，否则，很难保证放大电路增益的稳定性；②因同相端接地，则反相端电位为"虚地"，因此，对前级信号源而言，其负载不是运放本身的输入电阻，而是电路的闭环输入电阻 R_1。反相比例放大器只宜用于信号源对负载电阻要求不高的场合；③运放的输出电阻也由于深度负反馈而大为减小。

在设计反相比例放大电路时，要考虑多种因素来选择运放参数。例如，在放大直流信号时，应着重考虑影响运算精度和漂移的因素，为提高运算精度，运放的开环增益 A_{VO} 和输入差模电阻 R_{ID} 要大，而输出电阻 R_O 宜小。为减小漂移，运放的输入失调电压 V_{IO}、输入失调电流 I_{IO} 和基极偏置电流 I_{IB} 要小。

如放大交流信号，则要求运放有足够的带宽。若运放手册已给出开环带宽指标 BW_O，则闭环后电路的带宽将被展宽。单级运放闭环后，电路的带宽为

$$BW_C = BW_O \cdot A_{VO} \cdot \frac{R_1}{R_f} \tag{2-22}$$

外接电阻阻值的选择，对放大电路的性能有着重要影响。反相比例放大电路的外接电阻取值范围应在 0.001～1 MΩ 之间，最好在 100 kΩ 以内。R_1 的取值应远大于信号源内阻，在信号源的负载能力允许条件下，尽可能选择较小的 R_1。然后按闭环电压放大倍数要求计算 R_f，反馈电阻 R_f 的阻值受运放输出电流限制。若运放的额定输出电压为 U_{omax}，额定输出电流为 I_{omax}，则 R_f 受到下式限制

$$(R_f \mathbin{/\mkern-6mu/} R_L) \geqslant \frac{U_{omax}}{I_{omax}} \tag{2-23}$$

R_2 为平衡电阻，$R_2 = R_1 \mathbin{/\mkern-6mu/} R_f$，确保运放两输入端的直流平衡对称，减小基流引起的失调。

2.2.2 同相比例运算电路设计

反相比例放大电路的输入阻抗不太高,为克服这一缺点,可采用同相输入比例放大电路,如图 2-8 所示。

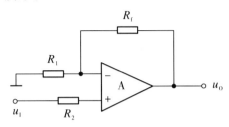

图 2-8 同相比例运算电路

闭环电压放大倍数为

$$A_{uf} = \frac{u_O}{u_I} = 1 + \frac{R_f}{R_1} \tag{2-24}$$

闭环电压放大倍数应限定在 1～100 倍之间。同相比例放大电路的最大优点是输入电阻高,例如 CF741 型运放,查手册可知:$A_{VO}=5\times 10^4$,$R_{ID}=0.3\times 10^6 \ \Omega$,闭环输入电阻约为 100 MΩ。由于同相比例放大电路的反相输入端不是"虚地",其电位随同相端的信号电压变化,使运放承受着一个共模输入电压,信号源的幅度受到限制,不可超过共模电压范围,否则将带来很大误差,甚至不能正常工作。

设计同相比例放大电路时,对运放的选择除反相输入电路中提出的要求外,还特别要求运放的共模抑制比 K_{CMR} 高和较大的共模信号输入电压。

2.2.3 差动输入运算电路设计

差动输入放大电路如图 2-9 所示。

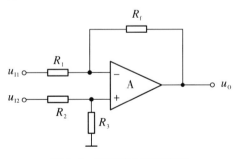

图 2-9 差动输入运算电路

其输出电压为

$$u_O = \frac{R_3}{R_2+R_3}\left(1+\frac{R_f}{R_1}\right)u_{I2} - \frac{R_f}{R_1}u_{I1} \tag{2-25}$$

在元件匹配的情况下,即当 $R_1=R_2$ 和 $R_f=R_3$ 时,则式(2-25)为

$$u_O = \frac{R_f}{R_1}(u_{I2} - u_{I1}) \tag{2-26}$$

在差动放大电路的设计中,电阻匹配的问题十分重要。电路的差模输入电阻 $R_{ID} \approx R_1 + R_2$,共模输入电阻 $R_{IC} \approx (R_1 + R_f)/2$。考虑到失调、频带、噪声等因素,反馈电阻 R_f 不宜大于 1 MΩ,如取闭环增益为 100,则 R_1 为 10 kΩ,而差模输入电阻为 20 kΩ,共模输入电阻约为 500 kΩ。差动放大电路放大交流信号时,为保证闭环差模增益在所要求的频率和温度范围内稳定不变,运放的开环增益须大于闭环增益的 100 倍以上。

单运放差动放大电路常用于运算精度要求不高的场合,为提高性能,常采用双运放或多运放组合的差动放大电路。

2.2.4 反向求和运算电路设计

反向求和运算电路如图 2-10 所示,其输出与输入的关系为

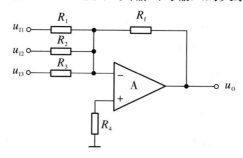

图 2-10 反向求和运算电路

$$u_O = -R_f\left(\frac{u_{I1}}{R_1} + \frac{u_{I2}}{R_2} + \frac{u_{I3}}{R_3}\right) \tag{2-27}$$

图 2-10 中 R_4 的选取应满足直流平衡条件,$R_4 = R_1 // R_2 // R_3 // R_f$。

当 $R_1 = R_2 = R_3$ 时,则

$$u_O = -\frac{R_f}{R_1}(u_{I1} + u_{I2} + u_{I3}) \tag{2-28}$$

当 $R_1 = R_f$ 时,则

$$u_O = -(u_{I1} + u_{I2} + u_{I3}) \tag{2-29}$$

由式(2-27)、(2-28)、(2-29)可见,输出电压与输入电压之间是一种反相加法运算关系。只要在输出端再接一级反相器,则可以消除负号的影响。

【例 2-1】 直流偏置放大电路的设计。电路的输出与输入关系为 $u_O = -5u_I + 4$,$|u_I| \leq 0.4$ V。

(1)设计分析。

对输入电压 u_I 给予放大再加直流偏置,就可以得到 $u_O = -5u_I + 4$。反相加法器能实现直流偏置放大电路的功能,其电路如图 2-11(a)所示,+4 V 电压可由

$-V_{EE}$ 分压得到。

(2) 电源电压的选择。

根据 $u_O=-5u_I+4$ V 和 $|u_I|\leqslant0.4$ V 可得,输出电压的变化范围为 2~6 V,选择电源电压为 $+V_{CC}=12$ V,$-V_{EE}=-12$ V。

(3) 集成运放的选择。

查表 8-23,选择通用型集成运放 LM741。

(4) 外接电阻的选择。

根据式(2-27),可以推导出

$$u_O=-R_f\left(\frac{u_{I1}}{R_1}+\frac{u_{I2}}{R_2}\right)=-\frac{R_f}{R_1}u_{I1}-\frac{R_f}{R_2}u_{I2} \quad (2\text{-}30)$$

令 $u_{I2}=-V_{EE}=-12$ V 代入式(2-30),有

$$u_O=-\frac{R_f}{R_1}u_{I1}-\frac{R_f}{R_2}(-12) \quad (2\text{-}31)$$

比较输出输入关系式 $u_O=-5u_I+4$ 和式(2-31),可以得出

$$\frac{R_f}{R_1}=5 \quad (2\text{-}32)$$

$$\frac{R_f}{R_2}\times12=4 \quad (2\text{-}33)$$

R_1 取标称值 20 kΩ 代入式(2-32)和式(2-33),得 R_f 标称值为 100 kΩ,R_2 标称值为 300 kΩ。

$R_3=R_1\mathbin{/\mkern-6mu/}R_2\mathbin{/\mkern-6mu/}R_f=18.4$ kΩ,取标称值 18 kΩ。

由此可画出所设计的电路,如图 2-11(b)所示。

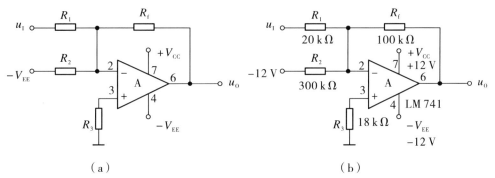

图 2-11 直流偏置放大器电路

2.3 电压比较器电路的设计

电压比较器是集成运放非线性应用的基础电路。在测量和控制系统中,可用电压比较器作为模拟电路和数字电路的接口,对输入信号进行鉴幅与比较。

2.3.1 单值电压比较器的设计

当运算放大器处于开环状态时,组成单值电压比较器,电路如图 2-12 所示。

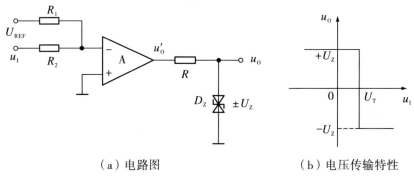

(a) 电路图　　　　　　　(b) 电压传输特性

图 2-12　单值电压比较器

图 2-12(a)中 R 为限流电阻,D_Z 为双稳压管,为了将输出电压的幅值限定为特定值,用以与接在输出端的数字电路达到电平配合,可以在比较电路的输出端接入一个稳压电路,组成箝位输出电压比较电路,该电路的阈值电压为

$$U_T = -\frac{R_2}{R_1} U_{REF} \tag{2-34}$$

当 $u_I < U_T$ 时,$u'_O = +U_{OM}$,$u_O = +U_Z$;当 $u_I > U_T$ 时,$u'_O = -U_{OM}$,$u_O = -U_Z$。若 $U_{REF} < 0$,则图(a)所示电路的电压传输特性如图(b)所示。

根据式(2-34)可知,只要改变参考电压 U_{REF} 的大小和极性,以及电阻 R_1 和 R_2 的阻值,就可以改变阈值电压的大小和极性。若 $U_{REF} = 0$(即不接 U_{REF} 和 R_1),$U_T = 0$,称为过零比较器。

2.3.2 滞回比较器

单值电压比较器很灵敏,但抗干扰能力差。为提高抗干扰能力可采用滞回比较器。滞回比较器引入了正反馈,其电压传输特性具有磁滞回线形状,故称为滞回比较器。

1. 下行滞回比较器

图 2-13 为下行滞回比较器,图(a)为比较器电路,输入信号 u_1 从反相端输入,同相输入端通过电阻 R_2 接参考电压 U_{REF},图(b)为电压传输特性。

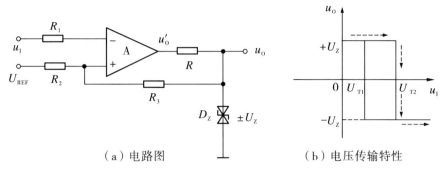

（a）电路图　　　　　　　（b）电压传输特性

图 2-13　下行滞回比较器

电路的阈值电压为

$$U_{T1} = \frac{R_3}{R_2+R_3}U_{REF} - \frac{R_2}{R_2+R_3}U_Z \qquad (2\text{-}35)$$

$$U_{T2} = \frac{R_3}{R_2+R_3}U_{REF} + \frac{R_2}{R_2+R_3}U_Z \qquad (2\text{-}36)$$

图 2-13(a)中 R 为限流电阻，是为限制稳压管 D_Z 反向击穿电流而设置的。外接电阻 R_2、R_3 通过式(2-35)计算，$R_1 = R_2 // R_3$。

2. 上行滞回比较器

图 2-14 为上行滞回比较器，图(a)为比较器电路，输入信号 u_I 从同相端输入，反相输入端通过电阻 R_1 接参考电压 U_{REF}，图(b)为电压传输特性。

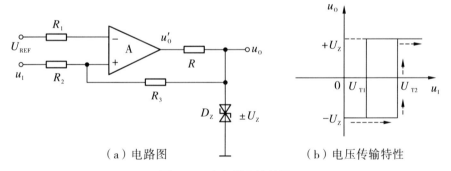

（a）电路图　　　　　　　（b）电压传输特性

图 2-14　上行滞回比较器

$$u_+ = \frac{R_3}{R_2+R_3}u_I \pm \frac{R_2}{R_2+R_3}U_Z \qquad (2\text{-}37)$$

$$u_+ = u_- = U_{REF} \qquad (2\text{-}38)$$

将式(2-37)代入式(2-38)求得 u_I，即为 U_T

电路的阈值电压为

$$U_{T1} = \frac{R_2+R_3}{R_3}U_{REF} - \frac{R_2}{R_3}U_Z \qquad (2\text{-}39)$$

$$U_{T2} = \frac{R_2+R_3}{R_3}U_{REF} + \frac{R_2}{R_3}U_Z \qquad (2\text{-}40)$$

图 2-14(a)中 R 为限流电阻，是为限制稳压管 D_Z 反向击穿电流而设置的。外

接电阻 R_2、R_3 通过式(2-39)计算,$R_1 = R_2 // R_3$。

2.3.3 窗口比较器

如图 2-15(a)所示的窗口比较器可检测出输入电压是否在两个给定电压之间,外接参考电压 $U_{RH} > U_{RL}$,电阻 R_1、R_2 和稳压管 D_Z 构成限幅电路。

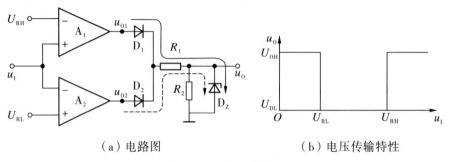

（a）电路图　　　　　　　（b）电压传输特性

图 2-15　窗口比较器

R_2 和 R_1 将运放输出电压 $+U_{OM}$ 分压,为稳压管 D_Z 提供合适的反向击穿电压,设计时电阻 R_2 电压 U_{R_2} 取值应略大于 U_Z。

$$U_Z < U_{R_2} = \frac{R_2}{R_1 + R_2} U_{OM}$$

R_1 还具有限流作用,设计时要保证

$$I_{Zmin} < (I_{R_1} - I_{R_2}) < I_{ZM}$$

式中,I_{Zmin} 为稳压管的测试电流;I_{ZM} 为稳压管的最大稳定电流。

【例 2-2】　设计一个 5 V 电源电压过电压、欠电压报警电路,当电源电压大于 5.5 V 时和低于 4.5 V 时,各由一个发光二极管 LED 发光报警。

设计分析:采用两个电压比较器分别判断电源电压是否高于 5.5 V 和低于 4.5 V。为降低成本,两比较器共用一个参考电压,参考电压拟采用高稳定度的集成电压基准源,设计采用如图 2-16 所示电路。

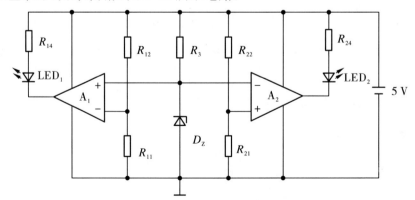

图 2-16　电源过电压、欠电压报警电路

图 2-16 中,A_1、R_{11}、R_{12}、R_{14} 和 LED_1 组成过电压检测器,A_2、R_{21}、R_{22}、R_{24} 和

LED$_2$ 组成欠电压检测器。D_Z 和 R_3 组成基准电压电路，R_3 为 D_Z 的限流电阻。

(1) 运算放大器选择。

查 8-20 表，A_1、A_2 选用 LM339 集成电压比较器。

(2) D_Z 和限流电阻 R_3 选择。

查 8-16 表，D_Z 选用 LM385-2.5 集成电压基准源，工作电流在 1～20 mA 的宽电流范围内，其电压 $U_{REF}=2.5$ V。

$$\text{限流电阻 } R_3 = \frac{(5-2.5)\text{V}}{1 \text{ mA}} = 2.5 \text{ k}\Omega \qquad R_3 \text{ 取标称值 } 2.7 \text{ k}\Omega。$$

(3) 过电压检测器。

A_1 组成过电压检测器，为单值比较器。阈值电压为 2.5 V，即当 $U_{R_{11}}=2.5$ V 时，比较器翻转。当蓄电池电压低于 5.5 V 时，$U_{R_{11}}<2.5$ V，比较器 A_1 输出高电平，LED$_1$ 截止；当蓄电池电压高于 5.5 V 时，$U_{R_{11}}>2.5$ V，比较器 A_1 输出低电平，LED$_1$ 发光。

由图 2-16 所示电路可得

$$U_{TH1} = \frac{R_{11}}{R_{11}+R_{12}} \times 5.5 \text{ V} = 2.5 \text{ V}$$

R_{11} 选用标称值为 10 kΩ 的电阻，代入上式算得 $R_{12}=12$ kΩ，R_{12} 标称值为 12 kΩ。

查表 8-10，LED$_1$ 选用最大工作电流 $I_{FM}=20$ mA、正向电压为 1.8 V 的 330 MR2C 红色发光二极管，取工作电流 $I_F=5$ mA。

$$\text{限流电阻 } R_{14} = \frac{(5-1.8)\text{V}}{5 \text{ mA}} = 640 \text{ }\Omega \qquad R_{14} \text{ 取标称值 } 680 \text{ }\Omega。$$

(4) 欠电压检测器。

A_2 组成欠电压检测电路，为单值比较器。阈值电压为 2.5 V，即当 $U_{R_{21}}=2.5$ V 时，比较器翻转。当蓄电池电压高于 4.5 V 时，$U_{R_{21}}>2.5$ V，比较器 A_2 输出高电平，LED$_2$ 截止；当蓄电池电压低于 4.5 V 时，$U_{R_{21}}<2.5$ V，比较器 A_2 输出低电平，LED$_2$ 发光。查表 8-10，LED$_2$ 选用最大工作电流 $I_{FM}=20$ mA、正向电压为 2.8 V 的 330PG2C 绿色发光二极管，取工作电流 $I_F=5$ mA。

$$\text{限流电阻 } R_{24} = \frac{(5-2.8)\text{V}}{5 \text{ mA}} = 440 \text{ }\Omega \qquad R_{24} \text{ 取标称值为 } 470 \text{ }\Omega。$$

$$U_{TH2} = \frac{R_{21}}{R_{21}+R_{22}} \times 4.5 \text{ V} = 2.5 \text{ V}$$

R_{21} 选用标称值为 10 kΩ 的电阻，代入上式算得 $R_{22}=8$ kΩ，R_{22} 选用标称值为 8.2 kΩ。综上所述，即可画出如图 2-17 所示的电源过电压、欠电压报警电路。

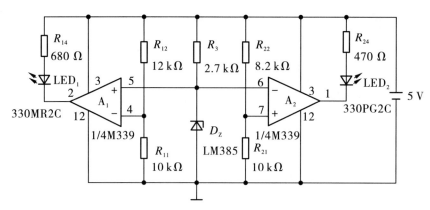

图 2-17 电源过电压、欠电压报警电路

2.4 RC 正弦波振荡器的设计

2.4.1 RC 正弦波振荡电路的工作原理

RC 振荡电路如图 2-18 所示。RC 串并联反馈电路既是正反馈电路,又是选频电路。输出电压 u_O 经 RC 串并联电路分压后,在 RC 并联电路上得到反馈电压 u_f,加在运算放大器的同相输入端,作为它的输入电压 u_i。

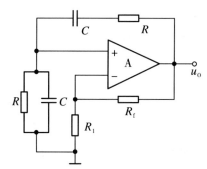

图 2-18 RC 正弦波振荡电路

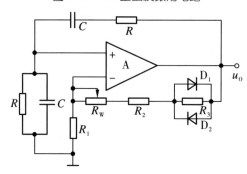

图 2-19 二极管稳幅的 RC 正弦波振荡原理电路

放大电路是由运算放大器 A、R_1 和 R_f 构成同相比例运算电路,其电压放大倍

数为 $A_{uf}=1+\dfrac{R_f}{R_1}$。

起振时,输出电压 u_o 幅度很小,使 $R_f>2R_1$,A_{uf} 较大有利于起振。随着振荡幅度的增大,A_{uf} 逐渐下降,输出电压 u_o 的幅度趋于稳定,直到 $R_f=2R_1$ 时,电路达到稳定振荡状态。

2.4.2 RC 振荡电路元器件的选择计算

(1)振荡器件参数的计算。

起振条件为 $$R_f>2R_1 \tag{2-41}$$

振荡频率为 $$f_o=\dfrac{1}{2\pi RC} \tag{2-42}$$

由式(2-41)和式(2-42),可以基本选定该电路的 R、C、R_1 及 R_f 的参数。再通过实验加以具体调整,最后确定 R、C、R_1 及 R_f 的准确参数。

(2)运算放大器 A 的选择。

选择运算放大器最主要的依据是其增益带宽积能满足下面的关系式,即
$$A_{od} \cdot BW > 3f_o \tag{2-43}$$

2.4.3 RC 正弦波振荡电路的设计示例

1. 设计任务

设计一个频率为 1 kHz 的 RC 正弦波发生器,正弦波峰值为 ±12 V。

2. 设计说明

(1)选择电路形式。

根据设计任务,电路采用图 2-19 所示的二极管稳幅的 RC 正弦波振荡原理电路。放大电路是由运算放大器 A、R_1、R_2、R_3、D_1、D_2 构成同相比例运算电路,其电压放大倍数为 $A_{uf}=1+\dfrac{R_f}{R_1}$。

式中,R_f 为等效电阻;$R_f=R_W+R_2+R_3 // r_d$;r_d 为二极管的正向导通动态电阻。图 2-19 是利用二极管正向伏安特性的非线性来自动稳幅的,起振时,输出电压 u_o 幅度很小,尚不足以使二极管导通,$R_f>2R_1$,A_{uf} 较大有利于起振。随着振荡幅度的增大,二极管导通,其正向电阻渐渐减小,A_{uf} 逐渐下降,输出电压 u_o 的幅度趋于稳定,直到 $R_f=2R_1$ 时,电路达到稳定振荡状态。

(2)电路参数选择。

①电源电压 V_{CC} 确定。因输出正弦波的峰值为 ±12 V,所以电源电压 V_{CC} 取 ±15 V。

②运算放大器的选择。选择运算放大器时,最主要的是选择其增益带宽积能

满足 $A_{od} \cdot BW > 3f_0$，因输出正弦波的频率 f_0 为 1 kHz，查表 8-23 可选择运放 LM741。

③ 选频电路 R、C 的选择。初步选择 $C=0.01\ \mu F$，根据公式(2-42)，可计算出电阻值

$$R = \frac{1}{2\pi f_0 C} = \frac{1}{2 \times 3.14 \times 10^3 \times 0.01 \times 10^{-6}} = 15.9\ k\Omega$$

可选取标称值为 16 kΩ。

根据式(2-41)，$R_f > 2R_1$，通常取 $R_f = 2.1R_1$，这样既能保证起振，又不会引起严重的波形失真。同时，为了减小运算放大器输入失调及其漂移的影响，根据平衡电阻概念，应使 R_1 和 R_f 尽量满足 $R = R_1 // R_f$ 的条件。联解 $R_f = 2.1R_1$ 和 $R = R_1 // R_f$ 可得

$$R = R_1 // R_f = \frac{R_1 \times 2.1R_1}{R_1 + 2.1R_1} = \frac{2.1R_1}{3.1}$$

$$R_1 = \frac{3.1R}{2.1} = \frac{3.1 \times 16\ k\Omega}{2.1} = 23.6\ k\Omega \quad 取标称值为 R_1 = 24\ k\Omega 的电阻$$

R_f 的取值为 $R_f = 2.1R_1 = 2.1 \times 24\ k\Omega = 50.4\ k\Omega$

④ 稳幅电路二极管 D_1、D_2 的选择。为了保证电路的对称性，两个稳幅二极管的特性参数必须匹配；查表 8-8，初步选 1N4148 型高速开关二极管。由于二极管 D_1、D_2 的导通时的动态电阻 r_d 的值与 R_3 有关，二极管 D_1、D_2 的选择还要通过实验调整来确定。

⑤ R_2、R_3 和 R_W 的选择。实验表明，二极管的动态电阻 r_d 与并联电阻阻值相当时，稳幅特性和改善波形失真都有较好的效果。R_3 一般为几千欧姆，通常先选 R_3，再确定 R_2 和 R_W。

因为 $\qquad\qquad\qquad R_f = R_W + R_2 + R_3 // r_d$

设 $\qquad\qquad\qquad R_3 = r_d$

则 $\qquad\qquad\qquad R_2 + R_W = R_f - R_3 // r_d \approx R_f - 0.5R_3$

取 $R_3 = 5.6\ k\Omega$，则 $R_2 + R_W \approx R_f - 0.5R_3 = 50.4 - 0.5 \times 5.6 = 47.6\ k\Omega$

R_2 选 39 kΩ，R_W 选 18 kΩ 微调电位器。

注：R_W 和 R_3 的最佳值需要通过实验调整来确定。

由此可画出二极管稳幅的 RC 正弦波振荡电路，如图 2-20 所示。

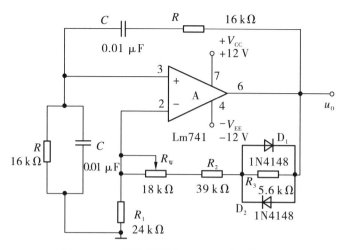

图 2-20 二极管稳幅的 RC 正弦波振荡电路

2.5 功率放大电路的设计

2.5.1 OCL 功率放大电路设计

1. 分立元件 OCL 实用电路

图 2-21 为采用复合管的 OCL 功率放大器，T_1 与 T_2 组合等效为 NPN 管，T_3 与 T_4 组合等效为 PNP 管。T_1、T_3 选互补且参数相同的小功率管，T_2、T_4 选同一类型的大功率管。

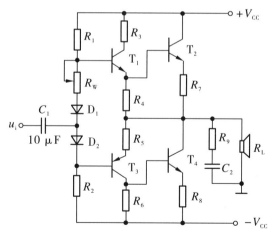

图 2-21 OCL 功放电路

图 2-21 中，R_1、R_2、R_W 和 D_1、D_2 组成功放复合管的静态偏置电路。静态时，D_1、D_2 正偏导通，复合管处于微导通状态以克服交越失真。

R_7、R_8 引入了电流串联负反馈，具有提高电路的稳定性、减小非线性失真的作用。电阻 R_7、R_8 一般不到 1 欧姆，阻值过大会降低电路效率。

R_4、R_6 为复合管穿透电流分流电阻,用以减小复合管的总穿透电流。其值太大会降低输出功率,使效率降低,太小又会影响复合管的稳定性。

R_3、R_5 为平衡电阻,使输出信号呈正半周、负半周对称。

2. 分立元件 OCL 功放电路设计

(1) 确定电源电压。

输出功率用输出电压有效值和输出电流有效值的乘积来表示,即

$$P_o = I_o U_o = \frac{U_{om}}{\sqrt{2}R_L} \cdot \frac{U_{om}}{\sqrt{2}} = \frac{U_{om}^2}{2R_L}$$

$$U_{om} = \sqrt{2P_o R_L}$$

当 $U_{om} = V_{CC} - U_{CE(sat)} - I_E R_E$,输出功率最大;式中,$U_{CE(sat)}$ 为功放管饱和压降,$I_E R_E$ 为功放管发射极电阻上压降。

电源电压近似为

$$V_{CC} = (1.2 \sim 1.5)\sqrt{2P_{om}R_L} \tag{2-44}$$

式(2-44)中,P_{om} 为电路的最大输出功率。

(2) 功放管 T_2、T_4 的选择。

功放管的管耗为 $P_{Tmax2} = P_{Tmax4} = 0.2 P_{om}$

选择功放管的依据是三极管的三个极限参数,必须满足下列条件:

集电极—发射极间击穿电压 $U_{(BR)CEO} > 2V_{CC}$ \hfill (2-45)

集电极最大允许电流 $I_{CM} > \dfrac{V_{CC}}{R_L}$ \hfill (2-45)

集电极最大允许耗散功率 $P_{CM} > P_{Tm} \approx 0.2 P_{om}$ \hfill (2-47)

(3) 小功率管 T_1、T_3 的选择。

T_1 与 T_2 组成 NPN 型复合管,T_3 与 T_4 组成 PNP 型复合管,承受的最大电压均为 $2V_{CC}$。T_1 与 T_3 的集电极功耗估算为

$$P_{Tmax1} = P_{Tmax3} \approx (1.1 \sim 1.5)\frac{P_{Tmax2}}{\beta_2} \tag{2-48}$$

(4) 复合管外接电阻的选择。

① 电阻 R_7、R_8 选择。R_7、R_8 过大,电路效率降低;过小,功放输出级的工作稳定性较弱,一般取 $R_7 = R_8 = (0.05 \sim 0.1)R_L$ \hfill (2-44)

② 电阻 R_4、R_6 估算。R_4、R_6 用以减小复合管的总穿透电流,提高复合管的稳定性。一般取 $R_4 = R_6 \approx (5 \sim 10)R_{i2}$ \hfill (2-50)

$$R_{i2} = r_{be2} + (1 + \beta_2)R_7 \tag{2-51}$$

大功率硅管 r_{be2} 约为 10 Ω,β 较小,约为 20 倍。

③ 电阻 R_3、R_5 估算。

$$R_3 = R_5 = R_4 /\!/ R_{i2} \tag{2-52}$$

(5) 静态偏置电路元器件的选择。

D_1、D_2 的选择,可根据功放管放大时的 U_{BE} 大小及是否采用负反馈电阻等情况来决定。若采用小功率硅管做功放管,D_1、D_2 一般选择锗管。图 2-21 所示电路的功放管采用了复合管且接有负反馈电阻,D_1、D_2 要选择硅管。

R_1、R_2 和 R_W 电阻值大小由静态电流 I_Q 决定。

$$I_Q = \frac{V_{CC} - U_D}{R_1 + R_W} \tag{2-53}$$

式中,U_D 为二极管导通压降。

在设计计算时,一般先选定 R_W,再估算 R_1 阻值。因 R_W 调节范围不太大,可选 1 kΩ 左右的精密电位器。R_2 阻值与 R_1 相同,即

$$R_2 = R_1 \tag{2-54}$$

2.5.2 OCL 功率放大电路设计示例

1. 设计任务

设计一个 OCL 功放电路,$R_L = 8\ \Omega$,$U_i = 100\ mV$,$P_{om} = 3\ W$,频率范围为 0.05~5 kHz,$R_i \geqslant 20\ k\Omega$。

2. 设计说明

根据设计任务,电路采用图 2-21 所示的由复合管组成的 OCL 电路。

(1) 电源电压 V_{CC} 的确定。

根据公式(2-44),代入数据

$V_{CC} = (1.2 \sim 1.5)\sqrt{2P_{om}R_L} = (1.2 \sim 1.5)\sqrt{2 \times 3 \times 8} = 8.3 \sim 10.4\ V$ 取 ±12 V。

(2) 大功率管的选择。

大功率管极限参数根据式(2-45)~(2-47)估算

$U_{(BR)CEO} > 2V_{CC}$ $\quad U_{(BR)CEO} > 24\ V$

$I_{CM} > \dfrac{V_{CC}}{R_L}$ $\quad I_{CM} > \dfrac{V_{CC}}{R_L} = \dfrac{12}{8} = 1.5\ A$

$P_{CM} > P_{Tm} \approx 0.2 P_{om}$ $\quad P_{om} = \dfrac{1}{2} \cdot \dfrac{V_{CC}^2}{R_L} = \dfrac{1}{2} \cdot \dfrac{12^2}{8} = 9\ W$ $\quad P_{CM} > 0.2 P_{om} = 1.8\ W$

查表 8-11,T_2、T_4 选 MJE180,其中 $P_{CM} = 12.5\ W$,$I_{CM} = 3\ A$,$U_{(BR)CEO} = 40\ V$ 符合要求。

(3) 复合管的小功率管的选择。

T_2 的电流放大倍数 β_2 取 20,$P_{Tmax2} = 0.2 P_{om} = 1.8\ W$,代入式(2-48)可得 T_1 与 T_3 的集电极功耗估算为

$P_{Tmax1} = P_{Tmax3} \approx (1.1 \sim 1.5)\dfrac{P_{Tmax2}}{\beta_2} = (1.1 \sim 1.5)\dfrac{1.8\ W}{20} = 0.1 \sim 0.14\ W$

$$I_{C1} > \frac{I_{C2}}{\beta_2} = \frac{1.5 \text{ A}}{20} = 0.075 \text{ A}$$

查表 8-11，T_1 和 T_3 选择常用的 A8050 和 A8550 型号管子，其中 $P_{CM} = 1$ W，$I_{CM} = 1.5$ A，$U_{BR(CEO)} = 25$ V，电流放大系数为 60。对两管进行测试，选择两参数相等的管子。

(4) 复合管外接电阻选择。

①电阻 R_7、R_8 的选择。根据公式(2-49)，有 $R_7 = R_8 = (0.05 \sim 0.1)R_L = (0.4 \sim 0.8)\Omega$。

$P_{R_7} = I_{cm}^2 R_7 = 1.5^2 \times 0.8 = 1.8$ W，R_7、R_8 取 0.5 Ω、2 W 的金属膜电阻。

②电阻 R_4、R_6 选择。设 T_2、T_4 的 $r_{be} = 10$ Ω，$\beta_2 = \beta_4 = 20$，根据式(2-51)，有

$$R_{i2} = r_{be2} + (1+\beta_2)R_7 = 10 + 21 \times 1 = 31 \text{ Ω}$$

根据式(2-50)，得

$R_4 = R_6 \approx (5 \sim 10)R_{i2} = (155 \sim 310)\Omega$ R_4、R_6 取 270 Ω。

③平衡电阻 R_3、R_5 估算。根据式(2-52)，得

$R_3 = R_5 = R_4 // R_{i2} = \dfrac{270 \times 31}{270 + 31} = 27.8$ Ω R_3、R_5 取 30Ω。

(5) 静态偏置电路元器件的选择。

设静态偏置支路电流 I_Q 为 1 mA，I_{B1}、I_{B3} 忽略不计。D_1、D_2 选择 1N4148 硅开关二极管，其正向电流 $I_F = 200$ mA，最高反向工作电压 $U_{RM} = 75$ V 满足要求。R_W 选 1 kΩ 微调电位器，D_1、D_2 导通电压取 $U_D = 0.7$ V，代入式(2-53)可得

$$I_Q = \frac{V_{CC} - U_D}{R_1 + R_W} = \frac{12 - 0.7}{R_1 + R_W} = 1 \text{ mA}$$

$R_1 + R_W = 11.3$ kΩ，R_1 取 11 kΩ，$R_2 = R_1 = 11$ kΩ。

(6) 阻容吸收网络 R_9、C_3 的选择。

R_9、C_3 用来吸收电感性负载产生的过电压，避免击穿功放管，同时它具有改善扬声器高频响应的作用，R_9 一般取几欧至几十欧，本例中取 30 Ω，C_2 一般取 0.1 μF。

C_1 一般选 10 μF 电解电容。

根据以上分析，可画出如图 2-22 所示的由复合管组成的 OCL 电路。

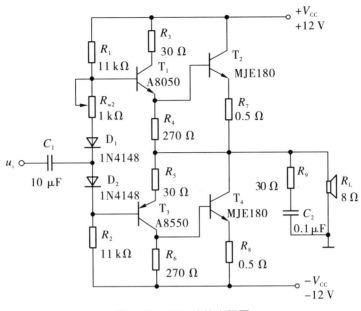

图 2-22　OCL 功放电路图

2.5.3　OTL 功率放大电路设计

1. 分立元件 OTL 电路

采用复合管 OTL 电路如图 2-23 所示，图中，R_1、R_2、R_{E1} 和 T_1 组成分压式射极偏置电路，是功放电路的激励级。T_2、T_4 组成 NPN 型复合管，T_3 与 T_5 组成 PNP 型复合管。R_7、R_8 为电流串联负反馈电阻，用于提高电路的稳定性和减小非线性失真。R_4、R_6 为复合管穿透电流分流电阻，用以减小复合管的总穿透电流，提高复合管的热稳定性。R_3、R_5 为平衡电阻，使输出信号呈正半周、负半周对称。

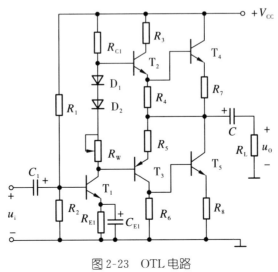

图 2-23　OTL 电路

2. 分立元件 OTL 电路设计

OTL 电路设计方法与 OCL 电路基本相同。其中 T_2、T_3、T_4、T_5 的选取,$R_3 \sim R_8$ 的选取均可套用式(2-44)~(2-52),只要将式中的 V_{CC} 改成 $\frac{1}{2}V_{CC}$ 代入即可。

R_{C1} 和 R_{E1} 的阻值可根据静态 I_{C1}、U_{CE1} 取值予以估算,R_W 调整范围不大,可选 1 kΩ 的微调电位器。

图 2-23 所示电路的各电阻满足关系式(2-55)~(2-57)。

$$U_{B1} = \frac{R_2}{R_1 + R_2} V_{CC} \tag{2-55}$$

$$U_{B1} = U_{BE1} + I_{C1} R_{E1} \tag{2-56}$$

$$U_{B3} = V_{CC} - 2U_D - I_{C1}(R_{C1} + R_W) \tag{2-57}$$

第3章 模拟电路课程设计实例

模拟系统电路的设计是在单元电路设计的基础上,将所设计的单元电路和一些元器件组合起来完成的。本章通过音频功率放大器和直流电动机调速电路的设计实例,对模拟电子电路的设计进行了讨论,系统地介绍了音频功率放大器的框架设计、元器件选择、仿真、制作与调试。最后列出了供模拟电子技术课程设计选用的设计课题。

3.1 模拟电子电路设计的基本方法

模拟电子电路的设计首先要根据设计任务的要求进行总体方案的论证与选择,然后对方案中的单元电路进行设计、参数计算和元器件选择,绘出总体电路图并由计算机模拟仿真,再进行 PCB 板的设计与制作,最后进行电路的安装与调试。

3.1.1 模拟电路系统的组成

随着电子技术的迅速发展,性能优良的电子产品不断涌现。大多数电子产品是由模拟电路或模/数混合电路组合而成,模拟电子设备一般由传感器、信号放大和变换电路及驱动、执行机构等部分组成,结构框图如图 3-1 所示。

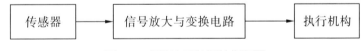

图 3-1 模拟电子装置结构框图

传感器将非电信号转换为电信号。微弱的电信号经信号放大电路、变换电路进行放大、变换处理后,再传送到相应的驱动、执行机构。

模拟电路系统的基本功能电路有放大器、振荡器、整流器及各种波形产生、变换电路等,可由分立元件和集成运算放大器组成相应的电路实现其功能。

3.1.2 分立元件多级放大器设计的一般原则

分立元件阻容耦合多级放大器通常包括输入级、中间放大级和输出级。

1. 输入级

输入端和信号源相连,电路形式与信号源有关。不同的使用场合对输入级的要求不同，如果信号源不能输出较大的电流，输入级应采用具有高输入电阻的射级输出器或场效应管放大电路。如果要求系统的噪声系数小，可用场效应管放大电路。如果从信号源取用大电流并不影响其正常工作，则输入级可用射级输出器或共发射级放大电路。

2. 中间级

中间级主要用来对信号进行放大，可使用一级或多级，级数根据需要而定。一般多采用电压放大倍数高的共发射级放大电路。为了加宽通频带可采用共射—共集组态电路。

3. 输出级

输出级的主要任务是输送给负载足够大的信号功率，根据负载情况来选择输出级的电路形式。负载电阻较小时，可采用射级输出器或互补对称电路，以减小输出电阻，提高带负载能力。负载电阻较大时，可采用共发射级放大电路或共基极放大电路。

4. 放大器级数的确定

根据总的放大倍数要求来确定放大器的级数，多级放大器的放大倍数等于各级放大倍数的乘积。级数的确定应全面考虑系统的各项性能指标，不能为单纯追求每一级的放大倍数高而减少级数。引入交流负反馈改善放大器的性能，势必使放大倍数下降，一般按放大倍数估算级数时，对放大器的放大倍数应留有充分的余地。

5. 静态工作点的设置

对于阻容耦合，由于各级静态工作点相互独立，与单级放大器的静态工作点的设置方法相同。为保证放大信号不失真和高的放大倍数，前置放大级的静态工作点应设置于特性曲线的线性部分，输出级在保证不失真情况下，输出功率应尽可能大，同时还要考虑最小的静态功耗。

3.1.3 用运算放大器组成放大电路的设计要点

由运放构成的实用电路，使整机所用的元器件数大大减少，降低了成本，具有体积小、电路结构简单、组装调试方便、工作可靠性高等特点。由于运放的开环带宽一般较窄，故目前在高频领域的应用还受到一定的限制。

由运放构成实用电路的设计要点详见第 2 章，这里不再赘述。

3.2 音频功率放大器

3.2.1 设计任务和技术指标

设计一个音频功率放大器,要求:
(1) 输出功率 $P_o \geqslant 18$ W。
(2) 负载阻抗 $R_L = 8$ Ω,输入阻抗大于 $R_i > 50$ kΩ。
(3) 输入信号电压 $U_i = 20$ mV;频率范围为 0.045~20 kHz。

3.2.2 框架设计

功放电路可选择分立元件组成功率放大器或单片集成功放组成功率放大器。分立元件组成的功率放大电路一般由激励级和输出级组成,为学习电路设计方法,本例选择分立元件组成功率放大器。本着以满足设计要求为基础,设计电路最简洁、所用器件尽量为通用元件的原则,选择了如图 3-2 所示的音频放大电路经典架构。由电压放大电路、电流驱动电路及功率放大电路组成基本放大环节,电路的总体电压增益由反馈电路决定。

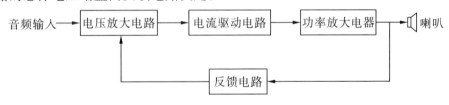

图 3-2 音频放大电路的结构框图

3.2.3 音频放大电路方案的确定

1. 放大倍数(或增益)的确定

输出功率为输出电压有效值和输出电流有效值的乘积,即

$$P_o = I_o U_o = \frac{U_o^2}{R_L}$$

输出电压有效值为 $\quad U_o = \sqrt{P_o R_L} = \sqrt{18 \times 8} = 12$ V (3-1)

根据设计指标的要求,音频功率放大器的闭环增益为

$$A_f = \frac{U_o}{U_i} = \frac{12 \text{ V}}{20 \text{ mV}} = 600 \quad (3-2)$$

开环增益一般为闭环的 10 倍以上,这样可以确保有一定的反馈深度,进而保证增益的稳定性,所以尽量保证开环增益大于 10^4。

2. 电压放大电路方案的确定

考虑技术指标要求有较高的输入阻抗,一般用分立元件搭成高输入阻抗电路,其电路比较复杂,输入级尽量选用低噪声的运算放大器。一般低噪声运算放大器的开环增益在 100 kHz 以上频率时也就 10^4 左右,受运放增益带宽积的限制,其可用增益可能会更低;运放的驱动电流较小,不能直接驱动大功率管。对于共射极的分立元件放大电路一般单级增益最好不要超过 100,过高导致输出阻抗过大、输入阻抗过低及元件参数受温度和振动影响会出现听诊器效应的噪声。

本设计一级电压放大不够,电压放大电路选择两级放大,第一级由运算放大器构成,第二级用分立元件搭建低输出阻抗的电压放大电路,以驱动末级功放电路。

3. 功率放大电路方案的确定

由于该功率放大器的输出功率只有 18 W,考虑供电简单,选择由单电源 V_{CC} 供电的 OTL 功率放大电路。

综上因素,初步选择音频功率放大器的原理图如图 3-3 所示。

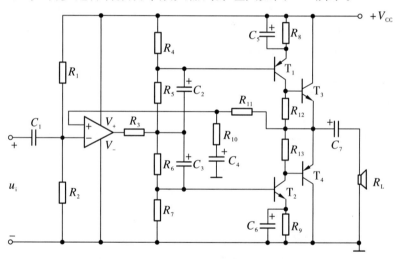

图 3-3 音频功率放大器的原理图

3.2.4 单元设计

1. OTL 功率放大电路设计

(1) OTL 电路组成。

如图 3-3 所示,单电源 V_{CC} 供电由 T_3、T_4、C_7 和 R_L 构成的 OTL 电路。

(2) 电源电压 V_{CC} 的确定。

考虑互补对称电流放大电路的两只管子的饱和压降,电源电压 V_{CC} 可用式 (3-3) 估算:

$$V_{CC} \geq (\sqrt{2}U_o + U_{CES}) \times 2 \qquad (3\text{-}3)$$

U_{CES}：管子的饱和压降，可取 1.5 V 近似估算。

根据式(3-3)并代入数据，有 $V_{CC} \geq (\sqrt{2}U_o + 1.5) \times 2 = (\sqrt{2} \times 12 + 1.5) \times 2 = 36.94$ V，取 $V_{CC} = 40$ V。

(3) 大功率管 T_3、T_4 的选择。

功率管的管耗为

$$P_{CM} \geq 0.2 P_{OM} = 0.2 \frac{(V_{CC}/2)^2}{R_L} = 10 \text{ W} \qquad (3\text{-}4)$$

功率管的峰值电流

$$I_{CM} > \sqrt{\frac{P_O}{R_L}} \times \sqrt{2} = \sqrt{\frac{18}{8}} \times \sqrt{2} = 2.12 \text{ A} \qquad (3\text{-}5)$$

考虑瞬态响应特性和散热条件，一般功率取 2～5 倍的裕量，电流取 1.5～2 倍的裕量，所以要选择额定功率大于 20 W、额定电流大于 3 A 的管子。

① 功放管特征频率选择。

功放管的工作频率选择的依据：满足通频带，一般管子的特征频率选择应大于 5～10 倍的工作频率。系统的反馈深度对特征频率的选择也有影响，反馈深度愈大，裕量的选择愈小。考虑上述因素，功放管的特征频率应大于 150 kHz。

② 功放管额定电压的选择。

功放管子的耐压一般取 2～3 倍最大工作电压，由于 $V_{CC} = 40$ V，选择 $U_{BR(CEO)} \geq 80$ V。综上因素，查 8-11 表，选择常用的音频对管 MJE15032 和 MJE15033，其中 $P_{CM} = 50$ W，$I_{CM} = 8$ A，$U_{BR(CEO)} = 250$ V。

(4) 输出耦合电容的选择。

电容的选择主要是容量和耐压，耐压一定要留有裕量，根据 $V_{CC} = 40$ V，输出电容 C_7 的耐压要大于 40 V。

电容的容量大小决定了电路的低频输出特性，可根据输出电容 C_7 和负载 R_L 的幅频特性来计算，下限截止频率选择 45 Hz。由于音频功率放大器的负载一般是喇叭，等效为复阻抗，所以只能大概估算。在工程设计上，选择输出电容 C_7 的容量足够大，使电容的容抗远小于负载电阻 R_L。

通常电容 C_7 的容量可用式(3-6)估算。

$$\frac{1}{2\pi f C_7} \leq \frac{1}{10} R_L \qquad (3\text{-}6)$$

式中 f 为下限截止频率。

根据式(3-6)并代入数据，可得

$$\frac{1}{2\pi f C_7} = \frac{1}{6.28 \times 45 \times C_7} \leq \frac{1}{10} R_L = 0.8 \text{ }\Omega \qquad C_7 = 4423.21 \text{ }\mu\text{F}$$

C_7 选用 4700 μF、耐压为 50 V 的铝电解电容。

考虑到 4700 μF 容量大,其分布电感和电阻较大,可以在 C_7 上并联一个小容量的电容 C_8。C_8 选择 0.1 μF、耐压为 50 V 的陶瓷电容。

3. 电压放大电路的设计

(1) 运算放大器选择。

选择功放电路的运算放大器,主要考虑的参数有噪声、电源电压范围、输入输出阻抗、输出电流大小等。查表 8-22,选择音频放大专用低噪声运放 NE5532,电源电压范围(±22 V),可直接由电源 V_{CC} 供电,输出电流约 10 mA,可以驱动第二级电压放大电路。

考虑末级 OTL 功放电路的电压放大倍数 0.3~0.5,所以第二级的电压放大倍数应该大于 5。

由图 3-3 可知,音频功率放大器为电压串联负反馈电路,运放的反相输入端作音频输入,同相输入端引入负反馈。

R_1、R_2 构成分压电路,将运算放大器反相端静态电压偏置到 $V_{CC}/2$ 上,作为输入端的静态电位。

选择 $R_1=R_2=100$ kΩ,该放大电路的输入电阻近似为 $R_1 /\!/ R_2$,C_1 为输入耦合电容,要求其容抗小于 $(R_1 /\!/ R_2)/10$,本设计选取 1 μF。

R_{11} 为交直流反馈电阻,保证电路输出端的静态电位等于运算放大器反相端电位 $V_{CC}/2$,R_{11}、R_{10}、C_4 构成交流负反馈电路,在 C_4 足够大的情况下,电路的闭环放大倍数为

$$A_f = \frac{U_o}{U_i} = 1 + \frac{R_{11}}{R_{10}} \tag{3-7}$$

由式(3-2)可知,$A_f=600$,代入式(3-7)得

$$R_{11}=599R_{10}$$

取 $R_{10}=1$ kΩ,则 $R_{11}=599$ kΩ,R_{11} 取标称值为 600 kΩ。

C_4 选取 100 μF、耐压为 50 V 的铝电解电容。

4. 驱动级电压放大电路的设计

如图 3-3 所示电路,为使驱动级电路简单且具备很强的驱动能力,采用两种互补对称的三极管 T_1、T_2 组成共射极放大电路,分别放大正、负半周信号。

由 R_6、R_7、C_3、T_2、R_9、C_6、R_{13}、T_4 和 R_L 组成的共射极放大电路,放大负半周电压信号;R_4、R_5、C_2、T_1、R_8、C_5、T_3、R_{12} 和 R_L 组成的共射极电路,放大正半周电压信号。

(1) T_1、T_2 选择。

由 T_1、T_2 组成对称共射极放大电路,要求 T_1、T_2 互补且参数基本一致,因此

选择音频对管。

由于 T_1、T_2 直接为大功率管 T_3、T_4 提供电流,所以要有足够大的 I_{CM}。考虑到 T_3、T_4 的电流放大系数最小为 20,T_1(或 T_2)的集电极电流 I_{CM1} 为

$$I_{CM1} = \frac{I_{CM3}}{\beta_3} = \frac{2.23 \text{ A}}{20} = 0.1115 \text{ A} = 111.5 \text{ mA}$$

根据式(2-5),T_1 与 T_2 的集电极功耗估算为

$$P_{Tmax1} = P_{Tmax2} \approx (1.1 \sim 1.5)\frac{P_{Tmax3}}{\beta_3} = (1.1 \sim 1.5)\frac{10 \text{ W}}{20} = 0.55 \sim 0.75 \text{ W}$$

$T_1(T_2)$ 的 $U_{(BR)CEO}$ 与 $T_3(T_4)$ 相同,$U_{BR(CEO)} \geqslant 80$ V。

综上因素,查表 8-11,T_1 和 T_2 选择常用的 2N5551 和 2N5401 型号管子,其 $P_{CM} = 0.625$ W,$I_{CM} = 0.6$ A,$U_{BR(CEO)} = 150$ V,电流放大系数为 60。

需要的最大基极电流为

$$I_{BM1} = \frac{I_{CM1}}{\beta_1} = \frac{111.5 \text{ mA}}{60} = 1.86 \text{ mA} \tag{3-8}$$

由式(3-8)可知,需要的基极驱动电流较小(不到 2 mA),一般的集成运放都能驱动。第一级电压放大电路中的运放 NE5532 的输出电流约为 10 mA,大于 2 mA,满足驱动第二级电压放大电路的要求。因此,可将第一级电压放大电路的输出端经 R_3 接入第二级的输入端,$R_3 = 600$ Ω,起到限流保护和匹配输出阻抗的作用。

(2)静态偏置电路元器件选择。

基于正负半周电路完全对称,下面重点分析由 R_6、C_3、R_7、T_2、R_9、C_6、R_{13}、T_4 和 R_L 组成的共射极放大电路,其直流通路如图 3-4(a)所示,R_6、R_7 提供 T_2 基极偏置电压;R_9 为 T_2 发射极电流反馈电阻,稳定 T_2 的静态工作点。考虑电路的对称性,静态时,R_5 和 R_6 上的电压为电源电压的一半,即 $\frac{V_{CC}}{2}$。

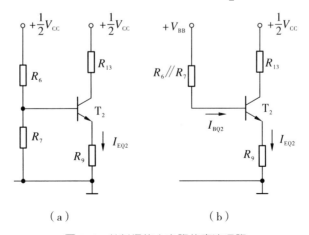

图 3-4 共射极放大电路的直流通路

考虑到消除交越失真，在静态时 T_3 与 T_4 管均处于微导通状态，即有一个微小的静态电流，一般取静态电流为最大电流的 $1/20 \sim 1/10$，本设计选择微偏电流约 0.1 A。即

$$I_{EQ4} \approx 0.1 \text{ A}$$

T_2 的静态电流为 $I_{EQ2} \approx \dfrac{I_{EQ4}}{\beta_4} = \dfrac{0.1 \text{ A}}{20} = 5 \text{ mA}$

图 3-4(b) 是直流通路的戴维南等效电路，V_{BB} 为

$$V_{BB} = \frac{R_7}{R_6 + R_7} \cdot \frac{V_{CC}}{2} \tag{3-9}$$

由图 3-4(b) 可得，$V_{BB} = (R_6 // R_7)I_{BQ2} + U_{BEQ2} + R_9 I_{EQ2}$ （3-10）

将式(3-9)代入式(3-10)整理得

$$I_{EQ2} \approx \frac{\dfrac{R_7}{R_6 + R_7} \times \dfrac{V_{CC}}{2} - U_{BEQ2}}{\dfrac{R_6 // R_7}{\beta_2} + R_9} = \frac{\dfrac{R_7}{R_6 + R_7} \times 20 - 0.6}{\dfrac{R_6 // R_7}{60} + R_9} = 5 \text{ mA} \tag{3-11}$$

基极等效偏置电阻的压降不要过大，否则前级的输出电压范围很大。再考虑该电路的输入电流 2 mA 左右，所以各偏置电阻适合在千欧级范围内选择。根据式(3-11)，选择电阻参数为

$$R_6 = 30 \text{ k}\Omega、R_7 = 2 \text{ k}\Omega、R_9 = 100 \text{ }\Omega$$

C_3、R_6 为基极输入通路；C_6 为交流旁路电容提高电压增益；R_{13} 主要是为 T_2 漂移电流提供旁路通道，其阻值一般选择为最大漂移电流在其压降小于 0.5 V 即可，阻值过小影响整体增益；C_3、C_6 按交流容抗远小于所并联电阻的阻值方式进行选择。

(3) 驱动级的电压放大倍数。

电压放大倍数近似为

$$A_{u2} \approx -\frac{\beta_2 \beta_4 R_L}{r_{be2}} = -\frac{60 \times 20 \times 8}{600} = -16$$

即驱动级的电压放大倍数为 16，满足了第二级电压放大电路的放大倍数大于 5 的设计要求。

R_4、R_5、C_2、T_1、C_5、R_8、T_3、R_{12} 和 R_L 组成共射电路元器件的选择同上。

根据以上分析，可画出如图 3-5 所示音频功率放大器的整体电路。

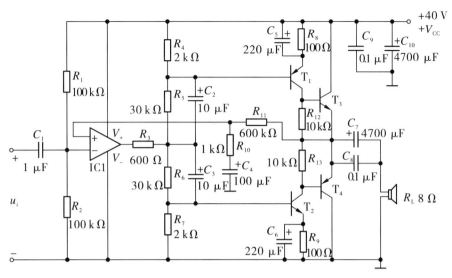

图 3-5　音频功率放大器的整体电路

3.2.5　电路仿真

上述均为理论设计，可将图 3-5 所示电路用 Multisim 仿真验证，如图 3-6 所示。

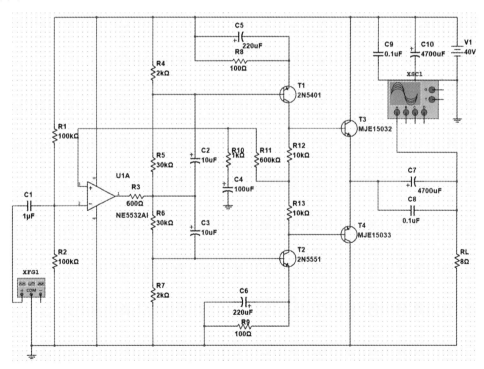

图 3-6　功率放大电路仿真电路图

(1)使用 DCoperatingpoint(静态工作点分析)，仿真 T1~T4 的静态工作点，验证是否合适，图 3-7 为仿真结果。仿真验证了理论计算的正确性。

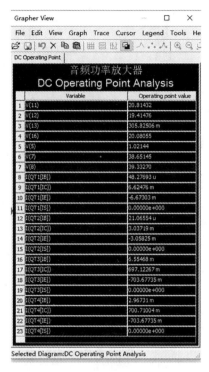

图 3-7　静态工作点分析

注：T1B V(7)、T2B V(5)、T3B V(11)、T4B V(12)、T1E V(8)、T2E V(13)、T3E V(16)、T4E V(16)

(2)使用 AC Sweep(交流小信号频率特性分析)分析其幅频特性与相频特性，如图 3-8 所示。由幅频特性图可知，其带宽远大于设计要求的 0.045～20 kHz 频带范围，并且很平坦，符合预期设计。

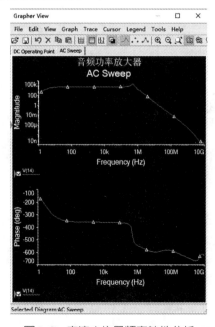

图 3-8　交流小信号频率特性分析

(3)运行 Interactive Simulation(交互仿真)可以用来对电路在工作中的各点信号进行测量分析,可以通过设置信号源的频率与幅值,通过示波器观察电路的输出信号是否出现失真现象,如图 3-9 所示。如果输入信号幅值过大,示波器的输出波形将会出现失真,以此验证此电路可接受的输入信号幅值范围。

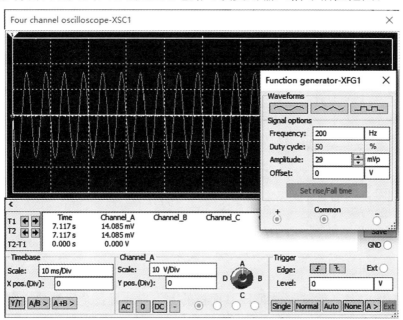

图 3-9　功率放大电路交互仿真

3.2.6　后期调整和调试

1. 用 DXP 绘制原理图

根据电路功能需要设计原理图。原理图的设计主要是依据各元器件的电气性能,根据需要进行合理的搭建,通过该图能够准确地反映出该 PCB 电路板的重要功能,以及各个部件之间的关系。原理图的设计是 PCB 制作流程的第一步,也是十分重要的一步。原理图设计完成后,需要更进一步地通过软件对各个元器件进行封装,以生成和实现元器件具有相同外观和尺寸的网格。

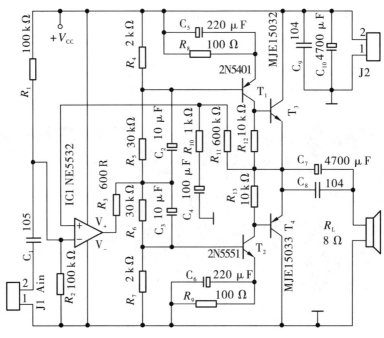

图 3-10　用 DXP 绘制原理图

2. 正式生成 PCB 图

网络生成以后,就需要根据 PCB 面板的大小来放置各个元件的位置,在放置时需要确保各个元件的引线不交叉。放置元器件完成后,最后进行 DRC 检查,以排除各个元器件在布线时的引脚或引线交叉错误,当所有的错误排除后,一个完整的 PCB 设计过程便完成了。

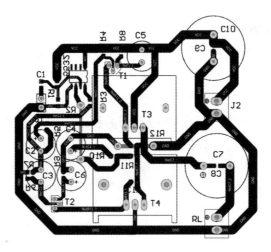

图 3-11　DXP 绘制 PCB 图

3. 覆铜板上转印 PCB 图

将设计完成的 PCB 图通过激光打印机打印到热转印纸上,然后选择合适的覆铜板并按照合适的大小和形状裁剪。将印有电路图的一面与覆铜板相对压紧,最后放到热转印机上进行热转印,通过高温,碳粉粘到铜覆铜板上。

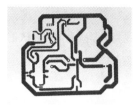 

（a）打印在转印纸上　　　　（b）选择覆钢板

（c）切割好覆钢板　　　（d）热转印PCB　　　（e）转印后的PCB

图 3-12　覆铜板上转印 PCB 图流程

4. PCB 制板。

调制溶液,腐蚀剂按厂家规定比例(20～50)∶1 调制,然后将含有墨迹的覆铜板放入其中,等 3～4 min,待铜板上除墨迹以外的地方全部被腐蚀之后,将覆铜板取出,然后用清水将溶液冲洗掉。

 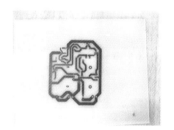

（a）腐蚀PCB　　　　　（b）腐蚀PCB后

图 3-13　PCB 板的制作

5. 电路板打孔

利用凿孔机将铜板上需要留孔的地方进行打孔,可以使各个匹配的元器件从铜板的背面将两个或多个引脚引入。

（a）PCB 板打孔　　　　（b）PCB 板打孔后

图 3-14　PCB 板打孔

6. 绝缘处理

在打孔完成的PCB板表面简单打磨，去除残余碳粉，然后均匀喷一层阻焊漆。喷涂完阻焊漆后，放入烘箱中烘烤数分钟，使阻焊漆可以牢固黏附在PCB板表面。

（a）除残粉，喷涂阻焊漆　　　（b）喷涂阻焊漆后　　　（c）PCB板烘烤

图 3-15　PCB板表面绝缘处理

7. 电路焊接与测试

利用焊接工具将元器件焊接到铜板上，如图3-16所示。焊接工作完成后，对整个电路板进行全面的测试工作，如果在测试过程中出现问题，就需要通过第一步设计的原理图来确定问题的位置，然后重新进行焊接或者更换元器件。当测试顺利通过后，整个电路板就制作完成了。

（a）元器件焊接正面　　　（b）元器件焊接背面　　　（c）连接负载，通电

图 3-16　焊接完成的PCB电路

(1) 图3-10所示电路的静态测试。

图3-10所示电路的静态测试主要测试 T_1、T_2、T_3 和 T_4 管的静态工作点。通常静态电压 U_{CE} 正确，电流 I_B 和 I_C 就基本合适。电路的静态测试过程如图3-17所示，图(a)、(b)、(c)和(d)分别是对 T_1、T_2、T_3 和 T_4 管的 U_{CE} 进行测试，图(e)测试的是输出端对地的电压 U_O，图(f)测试的是运放的输入偏置电压。所测得参数与估算值相近，因此图3-10所示电路的元器件工作正常。

（a）T_1 管 U_{CE} 测试　　　　　　　（b）T_2 管 U_{CE} 测试

（c）T_3 管 U_{CE} 测试　　　　　　　（d）T_4 管 U_{CE} 测试

（e）输出电压 U_o 测试　　　　　　　（f）运放偏置电压测试

图 3-17　功放电路的静态测试

(2) 图 3-10 所示电路的动态测试。

图 3-10 所示电路的动态测试分别测试 50 Hz 和 20 kHz 频率信号在传递过程中能否实现信号的有效放大，是否出现失真现象。其中，在低频段输入 50 Hz、有效值为 10 mV 正弦信号时，检测输出为 50 Hz、有效值为 6 V 正弦信号，如图 3-18 所示；输入 50 Hz、有效值为 20 mV 正弦信号时，检测输出为 50 Hz、有效值为 12.4 V 正弦信号，如图 3-19 所示。信号频率升为 20 kHz 时，输入 10 mV 时，输出同样为 6 V；输入 20 mV 时，输出为 12.4 V，信号没有失真。然而，如图 3-20 所示，当输入有效值过大时（22 mV、50 Hz），输出波形出现失真现象。

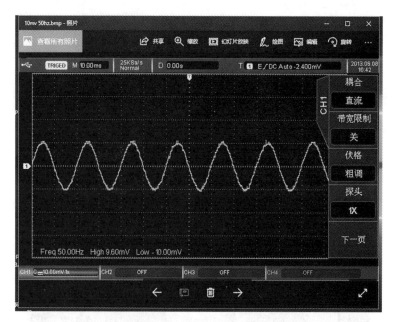

(a)输入信号:10 mV、50 Hz

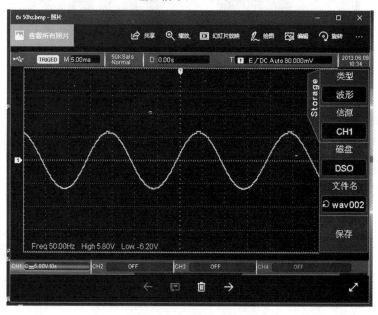

(b)输出信号:6 V、50 Hz

图 3-18　输入 10 mV、50 Hz 信号的检测结果

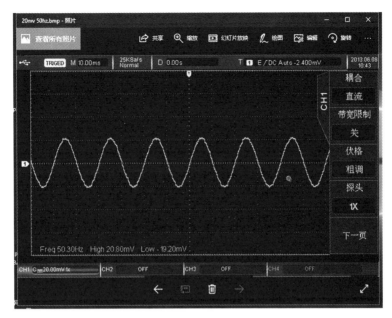

(a) 输入信号:20 mV、50 Hz

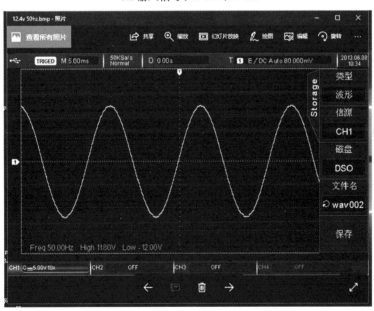

(b) 输出信号:12.4 V、50 Hz

图 3-19　输入 20 mV、50 Hz 信号的检测结果

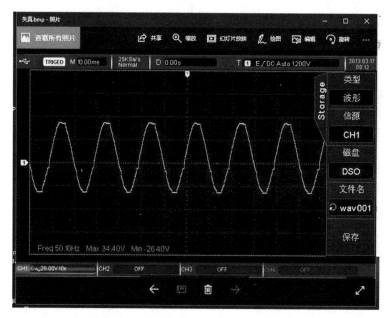

图 3-20　输入 22 mV,输出波形失真

通过实物测试,系统能正常工作,原理设计符合参数目标,但从仿真和测试来看,本设计的输入、输出参数没留任何裕量。所以稍大的输入信号就会造成失真,且失真的工作状态还会造成静态工作点的变化,因此可能有损毁功放管的隐患。从解决方案来说,可以考虑增加供电电压或降低系统整体增益。

3.3　小功率直流电动机调速电路

3.3.1　设计任务和技术指标

设计一个小型永磁直流电动机调速稳速控制电路,并具有过载保护的功能。

主要技术指标:

(1)电动机额定电压为 20 V,额定电流为 2 A,电动机的直流内阻 R_D 基本恒定为 0.5 Ω。

(2)反电动势 E 与转速 n 关系为 $E = kn, k = 0.006$ V·min/r,n 单位是 r/min。

(3)可实现无级调速,转速范围为 600～3000 r/min。

3.3.2　系统架构设计

设计指标有两个基本点,一是稳定和调整直流电动机的转速,二是为电动机提供合适的供电电流,且具有过电流保护的功能。

要控制和稳定转速,系统中必须有转速检测电路。本设计已知直流电动机转速与反电动势之间的关系式,所以可通过测量反电动势实现对电动机转速的检测。

图 3-21 为直流电动机的等效电路,直流电动机稳定状态时的端电压 U_D 与电动机电流 I_D 之间的关系为

$$U_D = E + I_D R_D \quad (3\text{-}12)$$

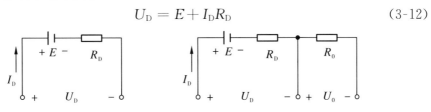

图 3-21　电路机等效电路　　图 3-22　电动机与取样电阻串联电路

如图 3-22 所示,在电动机端子上串联一取样电阻 R_0,有

$$I_D = \frac{U_0}{R_0} \quad (3\text{-}13)$$

将式(3-13)代入式(3-12),整理得

$$E = U_D - I_D R_D = U_D - \frac{R_D}{R_0} U_0 \quad (3\text{-}14)$$

将 $E = kn$ 代入式(3-14),得转速 n 为

$$n = \frac{1}{k}\left(U_D - \frac{R_D}{R_0} U_0\right) \quad (3\text{-}15)$$

只要测出 U_D 和取样电阻压降 U_0 就可以按式(3-15)计算出电动机的转速 n。式(3-15)可以用减法运算电路实现。

电动机的电流驱动电路由合适的供电电源和起电流调整作用的晶体管组成。电动机是否过载,可以通过与电动机相串联的取样电阻上的压降判断,过载保护电路用误差比较电路和电压比较器来实现。

综上所述,拟定直流电动机调速的原理框图如图 3-23 所示。

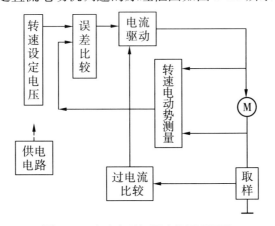

图 3-23　直流电动机调速的原理框图

根据系统框图,直流电动机调速的原理电路如图 3-24 所示。

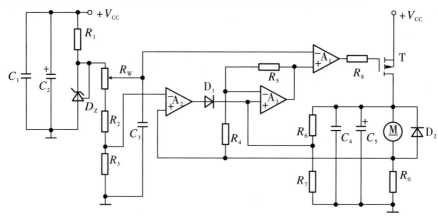

图 3-24　直流电动机调速的原理电路

3.3.3　主要单元电路设计

1. 驱动电路

驱动主电路由 V_{CC}、T、D_2、R_0 和电动机组成。

(1)电源电压 V_{CC} 的确定。

将极限参数 $n_{max}=3000$ r/min,$I_{Dmax}=2$ A 代入式(3-12),可得电动机的端电压为 $U_{Dmax}=kn_{max}+I_{Dmax}R_D=0.006×3000+2×0.5=19$ V,考虑驱动管压降和取样电阻压降,电源电压 V_{CC} 选择 20 V。

(2)电流取样电阻 R_0 的选择。

电流取样电阻越大灵敏度越高,但损耗也越大,通常选择电流取样电阻为电动机内阻的 1/10～1/5,本设计选择 0.1 Ω。按最大电流 2 A,该电阻最大功耗为 $I_{Dmax}^2 R_0=2^2×0.1=0.4$ W,选择电阻额定功率 0.5 W 以上,精度尽量选择 1% 以上的金属膜电阻。

(3)驱动晶体管 T 的选择。

考虑驱动的是直流电动机,电动机为感性负载,电流变化率不高,因此本设计选择驱动能力比较强的 MOSFET 管。电源电压 V_{CC} 为 20 V,选择耐压大于 40 V 的 MOSFET 管子。电动机的额定电流是 2 A,因此管子额定电流应该在 3 A 以上。

驱动管的最大功耗为

$$P_{DM}=[V_{CC}-0.006×n_{min}-I_{Dmax}×(R_D+R_0)]I_{Dmax}$$
$$=[20-0.006×600-2(0.5+0.1)]×2=30.4 \text{ W}$$

所以要选择功耗大于 45 W 的管子。查表 8-12,选择 T 管的型号为 IRF9520 的 P 沟道增强型 MOSFET,其额定 $U_{DS}=100$ V,$I_D=4$ A,$P_{DM}=40$ W,$U_{GS}=±20$ V。

(4) 续流二极管 D_2 的选择。

D_2 为电动机的续流二极管,由于电动机突然断电或反转会产生反电动势,D_2 二极管提供反电动势的续流通路,D_2 的最大电流可由电动机的最大电流估算,最大工作电压就是供电电压 20 V,查表 8-7,选择 D_2 的型号为 1N5402(3 A,200 V)。

2. 转速检测(反馈)电路

由 R_5、R_4、R_0、R_6、R_7 和 A_3 组成的转速检测(反馈)电路,如图 3-25 所示。

查表 8-19,A_3 选择四运放 LM324,其引脚见表 8-18 所示。

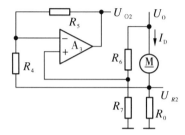

图 3-25 转速检测电路

该电路是一减法运算电路,可列出

$$\frac{U_{O2} \times R_4 + U_{R_0} \times R_5}{R_4 + R_5} = \frac{U_O \times R_7}{R_6 + R_7} \quad (3-16)$$

式(3-16)中,$U_{R_0} = I_D R_0 = 0.1 R_0$ \quad (3-17)

$$U_O = U_D + U_{R_0} = E + I_D R_D + U_{R_0} = E + \left(1 + \frac{R_D}{R_0}\right) U_{R_0}$$

$$E = U_O - \left(1 + \frac{R_D}{R_0}\right) U_{R_0} = U_O - \left(1 + \frac{0.5}{0.1}\right) U_{R_0} = U_O - 6 U_{R_0} \quad (3-18)$$

令 $\qquad R_4 + R_5 = R_6 + R_7 \quad (3-19)$

将式(3-18)代入式(3-19),可得出

$$U_{O2} \times R_4 + U_{R_0} \times R_5 = U_O \times R_7$$

经过整理即是 $\quad U_{O2} = \frac{R_7}{R_4} U_O - \frac{R_5}{R_4} U_{R_0} \quad (3-20)$

令 $E = 7.5 U_{O2}$ \quad (3-21)

再将式(3-18)和式(3-20)代入式(3-21),有

$$U_O - 6 U_{R_0} = 7.5 \frac{R_7}{R_4} U_O - 7.5 \frac{R_5}{R_4} U_{R_0} \quad (3-22)$$

相应的可导出

$$R_4 = 7.5 R_7, \; 7.5 R_5 = 6 R_4 \quad (3-23)$$

再选择 $R_7 = 2 \text{ k}\Omega$,代入式(3-23),可得出

$$R_4 = 15 \text{ k}\Omega, R_5 = 12 \text{ k}\Omega$$

将 $R_4 = 15 \text{ k}\Omega$,$R_5 = 12 \text{ k}\Omega$ 和 $R_7 = 2 \text{ k}\Omega$ 代入式(3-19),有 $R_6 = 25 \text{ k}\Omega$

将 $E=kn=0.006n$ 代入式(3-21),可得

$$U_{O2} = \frac{E}{7.5} = 0.0008n \tag{3-24}$$

将转速的变化范围 600～3000 r/min 代入式(3-24),得出电动机转速与电压之间的关系

$$U_{O2}=0.0008n=0.48\sim2.4\text{ V}$$

3. 基准电压电路

基准电压电路由电阻 R_1 和常用的集成稳压芯片组成,为转速设定电压电路提供 2.5 V 的基准电压。

(1) 集成稳压芯片的选择。

查表 8-13,选择具有良好热稳定性能的三端稳压源 TL431C,主要参数有负载电流 1.0～100 mA,内部基准电压为 2.5 V。

(2) 基准电路限流电阻 R_1 的选择。

$$R_1 = \frac{U_{R_1}}{I_{R_1}} \approx \frac{V_{CC}-U_Z}{I_Z} = \frac{20-2.5}{5} = 3.5 \text{ k}\Omega \quad \text{取标称值 } 3.48 \text{ k}\Omega$$

4. 转速设定电压电路

考虑设定转速变化范围为 600～3000 r/min,转速检测电路输出电压为 $U_{O2}=0.48\sim2.4$ V,即转速设定电压范围为 0.48～2.4 V。转速设定电压电路如图 3-26(a)所示,该电路是一个分压电路。

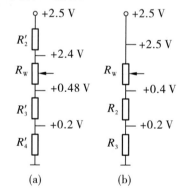

图 3-26 转速设定电压电路

$$\frac{R_4'}{R_2'+R_W+R_3'+R_4'} \times 2.5 \text{ V} = 0.2 \text{ V} \tag{3-25}$$

$$\frac{R_3'+R_4'}{R_2'+R_W+R_3'+R_4'} \times 2.5 \text{ V} = 0.48 \text{ V} \tag{3-26}$$

$$\frac{R_3'+R_4'+R_W}{R_2'+R_W+R_3'+R_4'} \times 2.5 \text{ V} = 2.4 \text{ V} \tag{3-27}$$

$R_2'=950$ Ω $R_3'=2.67$ kΩ $R_4'=1.9$ kΩ $R_W=18.29$ kΩ

调节图 3-26 所示电路的可调电阻 R_W,输出电压就可以在 0.48～2.4 V 范围

内变化,从而达到电动机转速变化范围为 600～3000 r/min 的技术指标要求。

考虑到实际可调的调速装置存在误差,工程上均将转速变化范围扩大,本设计将 0.48～2.4 V 变化范围扩大到 0.4～2.5 V 的范围。

针对 0.4～2.5 V 的变化范围,转速设定电压电路如图 3-26(b)所示,对应的电阻参数调整为

$$R_2=1.9\ \text{k}\Omega \quad R_3=1.9\ \text{k}\Omega \quad R_\text{W}=20\ \text{k}\Omega$$

5. 比较放大电路

集成运放 A_3 反相输入端的电压由转速设定电压电路提供,同相输入端的电压由电动机转速检测电路提供,即同相输入端的电压与电动机转速呈线性关系,运放 A_3 的输出直接驱动 MOS 管,整个电路构成了负反馈,运放 A_3 起比较放大的作用。电路工作时,两个输入端电压相等,即有

$$U_{O2} = U_{\text{REF}} \tag{3-28}$$

将式(3-28)代入式(3-24),整理有

$$n = 1250U_{O2} = 1250U_{\text{REF}} \tag{3-29}$$

由式(3-29)可知,调节转速设定电压电路中电阻 R_w 的阻值,U_{REF} 改变,电动机转速随着改变。

C_3 是退耦电容,取 0.1 μF,保证运放 A_3 反相输入端的电压平稳。

6. 过电流保护电路

集成运放 A_1、D_1、R_0 和 R_3 组成过流保护电路,运放 A_1 反相输入端连至 0.2 V 电压基准,运放 A_1 同相输入端的电压取自取样电阻 R_0 两端,即 $U_{R_0}=I_DR_0$。运放 A_1 处于开环,工作在非线性区,当电动机电流小于 2 A,运放 A_1 输出为零,D_1 反偏截止,电动机正常运行。若电动机电流大于 2 A,运放 A_1 输出电压达到最大值,D_1 导通,使得 A_2、A_3 输出均为最大值,场效应管 T 的 U_{GS} 接近零而夹断,电动机停止运行,从而实现过电流保护功能。查表 8-8,选择 D_1 管的型号为 1N4148。

场效应管删极和源极之间存在很大的分布电容,电路刚通电时,会有很大的充电电流,电阻 R_8 起限流保护集成运放作用,R_8 取 100 Ω。

7. 滤波电容 C_1、C_2 和 C_4、C_5 的选择

电源电压 V_{CC} 经 C_1、C_2 滤波后为系统供电,其中 C_2 的电压可选 35 V 以上,容量大小与供电电源参数有关,其容量与系统最小折合电阻的乘积应大于 2～4 倍最大脉动周期,C_2 选 35 V、4700 μF 的电容,考虑瞬态特性该电容还并联一个小容量(0.1 μF)的高频电容 C_1。

C_4、C_5 对驱动管的输出电流滤波,防止系统自激,C_4、C_5 的容量和电动机内阻的乘积大于 2～4 倍最大转动周期。C_5 选 35 V、100 μF 的电容,考虑瞬态特性 C_5 电容还并联一个小容量(0.1 μF)的高频电容 C_4。

根据以上分析,可画出如图 3-27 所示的直流电动机调速的整体电路。

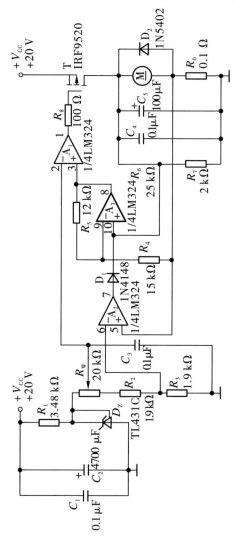

图 3-27　直流电动机调速的整体电路

3.4　模拟电子电路设计题选

3.4.1　智能充电器

1. 设计任务和要求

设计一种采用恒流恒压充电方式的电路,充电时能判断蓄电池的端电压,电压过低时,用恒流充电,蓄电池端电压达到一定值时,改用恒压充电。

(1) 对 12 V 的蓄电池充电,充电时亮红灯,满电时亮绿灯。

(2) 蓄电池端电压低于 10 V,恒流充电,恒流电流值为 1 A。

(3)蓄电池端电压达到 10 V 时,转换为恒压充电。

2. 方案设计

(1)设计一种蓄电池电压检测装置,判断蓄电池的端电压。

(2)恒流/恒压转换电路的设计。

(3)单值比较电路的设计。

(4)显示电路的设计。

智能充电器原理框图如图 3-28 所示。

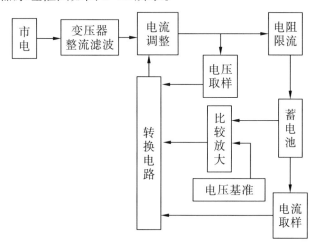

图 3-28　智能充电器原理框图

3.4.2　正弦波信号发生器的设计

1. 设计任务和要求

设计一种正弦波信号发生器。

(1)正弦波的工作频率范围在 0.02～20 kHz 连续可调。

(2)正弦波的幅值 0～±15 V 连续可调。

(3)最大输出电流 1.8 A。

(4)设计电路所需的直流电源。

2. 方案设计

利用 RC 桥式正弦波振荡器产生正弦波输出信号。采用 RC 串并联网络作为选频和反馈网络,其振荡频率 $f_0=1/(2\pi RC)$,改变 RC 的数值,可得到不同频率的正弦波信号输出。为使输出电压稳定,采取稳幅措施。

(1)放大器的选择及设计。

(2)RC 串并联选频电路的设计。

(3)驱动电路的设计。

(4)稳幅电路的设计。

(5)过流保护电路的设计。

(6)系统直流供电电路的设计。

正弦波信号发生器原理框图如图 3-29 所示。

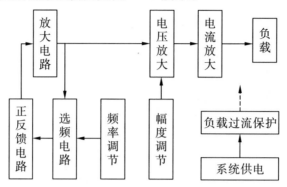

图 3-29　正弦波信号发生器原理框图

3.4.3　音频功率放大器的设计

1. 设计任务和要求

设计一种音频功率放大器。

(1)额定输出功率 $P_O=8$ W。

(2)负载阻抗 $R_L=8$ Ω,输入阻抗大于 $R_i>50$ kΩ。

(3)输入信号电压 $U_i=50\sim 500$ mV;频率范围为 $0.1\sim 10$ kHz。

2. 方案设计

选择音频放大电路的经典架构。由电压放大电路、电压驱动电路及功率放大电路组成基本放大环节,电路的总体电压增益由反馈电路决定。

(1)OTL 功率放大电路设计。

(2)输入级电压放大电路的设计。

(3)驱动级放大电路的设计。

(4)延时接通电路的设计。

音频功率放大器的原理框图如图 3-30 所示。

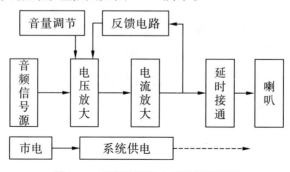

图 3-30　音频功率放大器的原理框图

3.4.4 可调直流稳压电源的设计

1. 设计任务和要求

设计一种可调直流稳压电源。

(1) 输出直流电压 $0 \sim \pm 12$ V，连续可调。

(2) 最大输出电流 1.6 A。

(3) 稳压系数 Sr≤0.05。

(4) 具有过流保护功能。

2. 方案设计

(1) 采用电源变压器(副绕组有中间抽头)将电网 220 V、50 Hz 交流电降压后送整流电路，电源变压器的副绕组中点接地。变压器的变压比及功率确定。

(2) 整流电路采用单相桥式整流电路。

(3) 滤波电路由电阻 R 和电容 C 构成。

(4) 稳压电路采用串联反馈式稳压电路。

(5) 电压范围检测电路采用范围比较器。

(6) 过流保护采用限流型过流保护电路。

可调直流稳压电源的原理框图如图 3-31 所示。

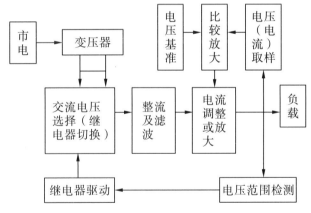

图 3-31 可调直流稳压电源的原理框图

3.4.5 简易电容测量仪的设计

1. 设计任务和要求

设计一种简易电容测量仪。

(1) 使用频率 $f_0 = 1000$ Hz。

(2) 被测电容范围为 $0.01 \sim 2$ μF。

(3) 直流电压表量程为 1 V。

(4)直流电压表精度为 0.1 mV。

2. 方案设计

(1)电容量和直流电压的比例关系换算确定。

(2)正弦波振荡电路的设计。

(3)电压跟随电路的设计。

(4)交流放大电路的设计。

(5)交直流变换电路的设计。

简易电容测量仪的原理框图如图 3-32 所示。

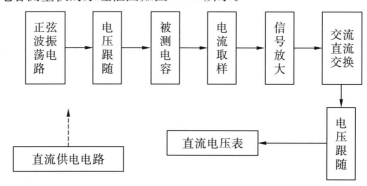

图 3-32　简易电容测量仪的原理框图

3.4.6　自动温度控制器的设计

1. 设计任务和要求

设计一种自动温度控制器。

通过加热器、制冷器将实际温度 t 控制在一个合适的范围 $t_1 \sim t_2$ 内。($t_1 < t_2$)

要求：①当 $t < t_1$ 时,加热器工作；当 $t > t_2$ 时,制冷器工作。

②电路在 t_1、t_2 温度点不能出现跳闸现象。

③显示加热器、制冷器是否处在工作状态。

2. 方案设计

(1)温度信号放大器的设计。

(2)范围比较电路的设计。

(3)继电器驱动电路的设计。

(4)显示电路的设计。

(5)系统直流供电电路的设计。

自动温度控制器原理框图如图 3-33 所示。

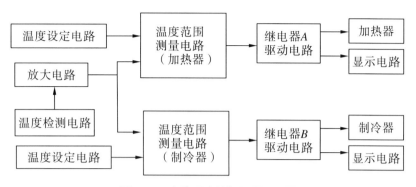

图 3-33　自动温度控制器原理框图

3.4.7　小型加热控制器的设计

1. 设计任务和要求

设计一种小型加热控制器。通过加热器 A、B 将实际温度 t 控制在一个合适的范围 $t_1 \sim t_2$ 内。($t_1 < t_2$)

要求：①当 $t < t_1$ 时，两加热器都工作；当 $t_1 < t < t_2$ 时，仅加热器 B 工作；当 $t > t_2$ 时，两加热器停止工作。

②电路在 t_1、t_2 温度点不能出现跳闸现象。

③显示加热器是否处在工作状态。

2. 方案设计

(1) 温度信号放大器的设计。

(2) 范围比较电路的设计。

(3) 继电器驱动电路的设计。

(4) 显示电路的设计。

(5) 系统直流供电电路的设计。

小型加热控制器原理框图如图 3-34 所示。

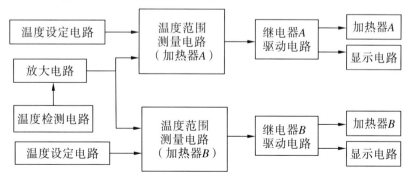

图 3-34　小型加热控制器原理框图

3.4.8 小型制冷控制器的设计

1. 设计任务和要求

设计一种小型制冷控制器。通过制冷器 A、B 将实际温度 t 控制在一个合适的范围 $t_1 \sim t_2$ 内($t_1 < t_2$)。

要求:①当 $t > t_2$ 时,两制冷器都工作;当 $t_2 > t > t_1$ 时,仅制冷器 B 工作;当 $t < t_1$ 时,制冷器停止工作。

②电路在 t_1、t_2 温度点不能出现跳闸现象。

③显示制冷器是否处在工作状态。

2. 方案设计

(1)温度信号放大器的设计。

(2)范围比较电路的设计。

(3)继电器驱动电路的设计。

(4)显示电路的设计。

(5)系统直流供电电路的设计。

小型制冷控制器原理框图如图 3-35 所示。

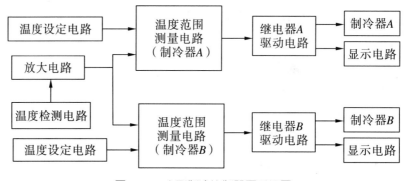

图 3-35 小型制冷控制器原理框图

3.4.9 水塔自动上水控制电路的设计

1. 设计任务和要求

设计一种水塔自动上水和水位显示的电路,当水位低于 h_1 时,自动接通供水泵,水位达到 h_2 处自动切断供水泵。电路在水位 h_1、h_2 处不能出现跳闸现象($h_1 < h_2$)。

2. 方案设计

在水塔内安装一个浮球连动电位器,通过电阻判断水位。

(1)水位检测电路的设计。

(2)水位显示电路的设计。

(3)范围比较电路的设计。
(4)继电器驱动电路的设计。
(5)系统直流供电电路的设计。

水塔自动上水电路原理框图如图 3-36 所示。

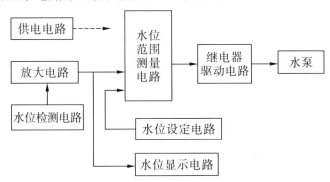

图 3-36　水塔自动上水电路原理框图

3.4.10　三极管放大倍数 β 检测电路

1. 设计任务和要求

设计一个三极管 β 参数的检测电路,当被检测三极管的 β 参数满足 $\beta_1 < \beta < \beta_2$ 时,绿灯亮;当 $\beta > \beta_2$ 或 $\beta < \beta_1$ 时,红灯亮。

2. 方案设计

(1)三极管类型判断电路的设计。
(2) β 参数取样电路的设计。
(3)基准电路。
(4)范围比较电路的设计。
(5)显示电路的设计。

三极管 β 参数检测电路原理框图如图 3-37 所示。

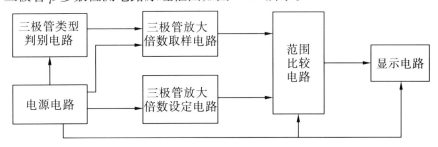

图 3-37　三极管 β 参数检测电路原理框图

常用数字集成电路及其使用

在数字系统设计中,正确选择和使用集成电路对电路的性能至关重要。本章分析了数字集成电路的分类及其特点,重点地介绍了编码器、译码器、计数器、数据选择器、脉冲波形产生电路等常用数字集成电路的工作原理和使用方法,此外,还给出了一些集成电路的应用实例,以便学生能更好地了解常用的数字集成电路。

4.1 数字集成门电路的分类与应用

4.1.1 TTL 集成电路与 CMOS 集成电路的特点

数字集成电路的种类很多,从结构上来看,它们可分成 TTL 型和 CMOS 型两类。

1. TTL 集成电路的主要特点

(1)所属系列不同,但型号相同的器件,管脚排列顺序相同。

(2)输出电阻低,输出功率大,带负载(包括带容性负载)能力强。

(3)工作电流较大,功耗较大。

(4)采用单一电源供电。

(5)噪声容限较低,只有几百毫伏。

(6)工作速度快,参数稳定,工作可靠,集成度低。

2. TTL 集成电路在设计使用中应当注意的几个问题

(1)选用合适的电源电压。TTL 集成电路主要有 54/74 系列标准 TTL、高速型 TTL(H-TTL)、低功耗型 TTL(L-TTL)、肖特基型 TTL(S-TTL)、低功耗肖特基型 TTL(LS-TTL)五个系列。标准 TTL 输入高电平最小 2 V,输入低电平最大 0.8 V。S-TTL 输入高电平最小 2 V,输入低电平最大 0.8 V。LS-TTL 输入高电平最小 2 V,输入低电平最大Ⅰ类 0.7 V,Ⅱ、Ⅲ类 0.8 V。

(2)对电源进行滤波。TTL 集成电路状态的高速切换会产生电流的跳变,其数值为 4~5 mA。该电流会在公共走线上产生电压降,并引起噪声,因此要尽量缩短地线以减小干扰。可在集成电路的电源端并联一个 100 μF 的电解电容,进行低频滤波,同时并联一个 0.01~0.1 μF 的瓷片电容进行高频滤波。

(3)输出端的连接。输出端不能直接接电源或地。对 100 pF 以上的容性负载,要串接几百欧姆的限流电阻,否则容易损坏集成电路。除集电极开路的 OC 门和三态门(TS)外,其他门电路的输出端不允许并联。几个 OC 门并联实现线与功能时,应在输出端与电源之间接上拉电阻。

(4)多余输入端的处理。与门、与非门多余的输入端悬空时相当于接高电平,但悬空容易引进干扰,因此与门、与非门多余的输入端不能悬空,可以将多余的输入端直接接电源,或通过一个几千欧姆的电阻接电源,或将几个输入端并联使用。或门、或非门的多余输入端应当直接接地。对触发器等中规模的集成电路,为减小干扰,多余的输入端应根据逻辑功能接高电平或接地。

3. CMOS 集成电路的主要特点

CMOS 集成电路最常用的系列是美国无线电公司(RCA)开发的 CD4000B 系列和 CD4500B 系列,该系列产品功耗低、速度快、品种多、电压范围宽(3~18 V),是目前应用最多的 CMOS 集成电路产品。

(1)工作电压范围宽(3~18 V)。

(2)噪声容限高,可达电源电压的 45%,抗干扰能力强。

(3)逻辑摆动幅度大。空载时输出高电平 $U_{OH} \geqslant U_{CC} - 0.05$ V,输出低电平 $U_{OL} \leqslant 0.05$ V。

(4)静态功耗很低。

(5)输入阻抗大。直流输入阻抗大于 100 MΩ,输入电流极小,扇出能力强。

4. CMOS 集成电路使用时的注意事项

(1)CMOS 电路的输入阻抗很高,静电就能引起集成电路击穿,所以应存放在防静电包装中。焊接的时候要用接地良好的电烙铁,现在 CMOS 集成电路由于改进了生产工艺,防静电能力都有很大提高。

(2)防止出现晶闸管效应。当 CMOS 集成电路的输入电压过高(高于 U_{DD})或过低(低于 U_{SS}),或者电源电压突变时,会导致集成电路的电流迅速增大,烧坏器件,这种现象称为晶闸管效应。预防措施是限制输入信号不高于 U_{DD},也不低于 U_{SS};对电源电路采取限流措施,将电流限制在 30 mA 以内。

(3)多余的输入端不能悬空,应根据逻辑功能接 U_{DD} 或 U_{SS}。工作速度不高时,允许输入端并联使用。

(4)输出端的接法。输出端不允许直接接 U_{DD} 或 U_{SS},除三态门外不允许两个器件的输出端并联。

(5)测试 CMOS 集成电路时,应先加电源 U_{DD},后加输入信号;关机时应先切断输入信号,再断开电源 U_{DD}。所有测试仪器的外壳必须接地良好。

(6)不可在接通电源的情况下,插拔 CMOS 集成电路。

(7)提高电源电压,可以提高 CMOS 门电路的噪声容限,提高电路的抗干扰能力。降低电源电压,会降低电路的工作频率,如 CMOS 触发器当 U_{DD} 从 15 V 降低到 3 V 时,最高工作频率会从 10 MHz 下降到几十千赫兹。

4.1.2 TTL 与 CMOS 门电路的接口

TTL 与 CMOS 门电路的参数有很大的差异,一般在电路设计时都尽量使用同一种型号的集成电路。如果设计电路时,同时使用了 TTL 电路和 CMOS 电路,则需要考虑两种类型电路之间的电压转换和电流驱动能力的问题。本节主要介绍两种类型门电路的主要外部特性参数以及它们互连时的接口电路。

1. 门电路的主要参数

(1)TTL 与非门电路的主要参数。

TTL 与非门的主要外部特性参数有空载(静态)功耗、输出高电平、输出低电平、扇出系数、平均传输延迟时间等。

①空载功耗 P。空载功耗是指与非门空载,即所有输入端悬空时,电源总电流 I_{CC} 与电源电压 V_{CC} 的乘积,即 $P=I_{CC}V_{CC}$。一般 $P \leqslant 50$ mW。

②输出高电平 V_{OH}。输出高电平是在与非门至少有一个低电平输入时的输出电平值,一般 $V_{OH} \geqslant 3.5$ V。

③输出低电平 V_{OL}。输出低电平是指与非门全部输入为高电平时的输出电平值,一般 $V_{OL} \leqslant 0.4$ V。

④扇出系数 N_i。扇出系数是指与非门输出为低电平时,输出端能够驱动同类门的最多个数,由与非门的输入断路电流和输出端为低电平时允许灌入的最大电流来决定,即 $N_O=I_{OL}/I_{IS}$。其中,I_{IS} 是输入短路电流,一般 $I_{IS} \leqslant 1.6$ mA;I_{OL} 为输出端,一般 $I_{OL} \leqslant 16$ mA。扇出系数反映了与非门的带负载能力。

⑤平均传输延迟时间 t_{pd}。平均传输延迟时间是指一个矩形波从与非门的输入端到输出端所延迟的时间,它是反映与非门开关速度的参数,一般 $t_{pd}<40$ ns。

⑥输入噪声容限。输入噪声容限是指在输出变化允许范围内,允许输入的变化范围,当输入端为高电平时的噪声容限,记为 $V_{NH}=V_{OH(min)}-V_{IH(min)}$,输入端为低电平时的噪声容限记为 $V_{NL}=V_{IL(max)}-V_{OL(max)}$。其中,$V_{IH(min)}$ 和 $V_{IL(max)}$ 是与非门高电平输入的最小值和低电平输入的最大值,$V_{OH(min)}$ 和 $V_{OL(max)}$ 是与非门高电平输出的最小值和低电平输出的最大值。

(2)CMOS 与非门电路的主要参数。

与 TTL 与非门相似,CMOS 与非门的主要外部特性参数也有空载(静态)功耗、输出高电平、输出低电平、扇出系数、平均传输延迟时间等。

①空载功耗 P。P 与电源的总电流和电源电压的高低有关,相比于 TTL 与

非门，CMOS 与非门的空载功耗 P 忽略不计，一般取值在微瓦数量级。

②输出高电平 V_{OH}。CMOS 与非门电路的输出高电平与 TTL 与非门的输出高电平的物理意义相同，在 CMOS 与非门电路中，一般 $V_{OH} \geqslant V_{DD} - 0.5$ V。

③输出低电平 V_{OL}。一般 $V_{OL} \leqslant V_{SS} + 0.5$ V，其中，V_{SS} 是场效应管的源级电压。

④扇出系数 N_O。与 TTL 与非门相比，CMOS 与非门的 I_{IS} 和 I_{OL} 很小，一般 $I_{IS} \leqslant 0.1$ μA、$I_{OL} \leqslant 500$ μA，由 $N_O = I_{OL}/I_{IS}$ 可知 CMOS 与非门的扇出系数非常大。

⑤平均传输延迟时间 t_{pd}。与 TTL 与非门相比，CMOS 电路的平均传输延迟时间也比较长，一般为 200 ns。

⑥噪声容限 V_{NH} 和 V_{NL}。相比于 TTL 与非门，CMOS 电路的噪声容限也大很多，在 CMOS 与非门电路中，V_{NH} 和 V_{NL} 一般取 V_{CC} 的 30%。

2. TTL 电路驱动 CMOS 电路

TTL 电路是由若干晶体三极管、二极管和电阻组成，TTL 电路的电源电压为 5 V。CMOS 电路同时以 PMOS 管和 NMOS 管作为开关元件的逻辑门电路，CMOS 电路的电源电压是 3～15 V，一般设计电路时尽可能选择同一类型电路，如果选择不同类型的电路，则需要考虑它们之间的电平转换，具体操作可以采用以下方法。

(1) 如果 TTL 与 CMOS 电路使用的电源电压相同，如 $V_{DD}=5$ V，为使 TTL 电路的输出电平能够满足 CMOS 电路高电平输入的需求，可以在 TTL 电路的输出端与电源之间外接一个上拉电阻 R，以提高 TTL 电路输出的高电平，具体电路图如图 4-1(a)所示。

(2) 如果 TTL 电路与 CMOS 电路使用不同的电源电压，除了在 TTL 电路输出端外接上拉电阻 R，还需要采用集电极开路门（OC 门）作为 CMOS 电路的驱动电路，电路图如图 4-1(b)所示。如不使用 OC 门作为驱动电路，可在 TTL 门电路与 CMOS 电路间加上 CMOS 电平转换器来实现电平转换，如图 4-1(c)所示。

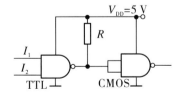
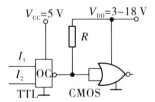

(a)电源电压相同时的连接电路　(b)OC门与CMOS门的连接电路

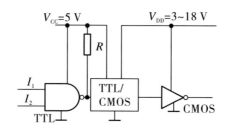

(c)采用电平转换器的连接电路

图 4-1　TTL 电路驱动 CMOS 电路

3. CMOS 电路驱动 TTL 电路

当 TTL 电路输入低电平时,其电路中的电路电流较大,而 CMOS 电路的输出电流较小(0.4 mA),不足以为 TTL 电路提供较大的输入低电平电流,对 TTL 电路的驱动能力有限。如果需要一个 CMOS 电路带两个或多个 TTL 电路时,就需要在电路中增加驱动电路,具体实现方法有以下两种:

(1)当同一芯片上的两个以上 CMOS 门电路并联使用时,可增大 CMOS 门电路的驱动电流,如图 4-2(a)所示,将 CMOS 电路的输出端并联,输入端并联,从而驱动 TTL 电路。此外,同一芯片的多个 CMOS 或非门、多个非门同样也可以并联使用。

(2)采用专用的驱动电路。如图 4-2(b)所示,在 CMOS 电路输出端和 TTL 电路输入端之间接入 CMOS 驱动器。

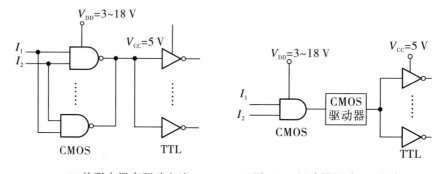

(a)并联来提高驱动电流　　(b)用CMOS驱动器驱动TTL电路

图 4-2　CMOS 电路驱动 TTL 电路

4.2 组合逻辑电路的应用

数字电路根据逻辑功能的不同特点,可以分成两大类,一类是组合逻辑电路,另一类是时序逻辑电路。组合逻辑电路就是将基本逻辑门与、或、非组合起来使用的逻辑电路,在逻辑功能上的特点是任意时刻的输出仅仅取决于该时刻的输入,与电路原来的状态无关,它是时序逻辑电路的基础,在实践中被广泛应用。

4.2.1 组合逻辑电路的分析与设计

1.组合逻辑电路的分析

为确定逻辑电路的逻辑功能,需根据逻辑图,写出逻辑函数的表达式,列出真值表,用卡诺图法化简后,获取电路的功能。这个过程就是组合逻辑电路的分析,具体分析步骤如下:

(1)根据已知的逻辑电路图逐级写出逻辑函数表达式,最后写出该电路对应的输出与输入的逻辑表达式。

(2)用基本公式或卡诺图法化简,并变换逻辑表达式。

(3)根据逻辑表达式列出真值表。

(4)根据真值表和逻辑表达式确定电路功能。

图 4-3 所示为一个组合逻辑电路,其中,A、B、C、D 为电路的输入,Y 是电路的输出,根据电路图,输入输出函数式为 $Y=\overline{((A\oplus B)\oplus(C\oplus D))}$,其对应的真值表如表 4-1 所示,当输入出现奇数个 1 时,输出 Y 为低电平,反之则为高电平输出,所以图 4-3 为奇偶判决电路。

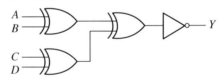

图 4-3 组合逻辑电路

表 4-1 图 4-3 中电路的真值表

$ABCD$	$A\oplus B$	$C\oplus D$	Y	$ABCD$	$A\oplus B$	$C\oplus D$	Y
0000	0	0	1	1000	1	0	0
0001	0	1	0	1001	1	1	1
0010	0	1	0	1010	1	1	1
0011	0	0	1	1011	1	0	0
0100	1	0	0	1100	0	0	1
0101	1	1	1	1101	0	1	0

续表

$ABCD$	$A\oplus B$	$C\oplus D$	Y	$ABCD$	$A\oplus B$	$C\oplus D$	Y
0110	1	1	1	1110	0	1	0
0111	1	0	0	1111	0	0	1

2. 组合逻辑电路的设计

组合逻辑电路设计的主要任务是用基本逻辑门设计出能完成实际问题或命题要求的电路。具体设计的步骤如下：

(1) 实际问题进行逻辑抽象，确定输入、输出变量，并定义逻辑状态的含义。

(2) 根据输入、输出的因果关系，列出真值表。

(3) 由真值表写出逻辑表达式，根据需要简化和变换逻辑表达式。

(4) 画出电路图。

图 4-4 所示为水泵供水示意图，A、B、C 是三个液位检测元件，控制大泵 P_L 和小泵 P_S 的工作。液位在 C 以上停止供水，在 BC 间 P_S 供水，在 AB 间 P_L 供水，在 A 以下时两泵同时供水。用组合逻辑电路实现以上功能，设 A、B、C 为 1 时，表示液位高于检测元件；P_L、P_S 为 1 时表示对应的水泵工作，以 A、B、C 作为组合逻辑电路的输入变量，P_L、P_S 为输出变量，则列出真值表如表 4-2 所示，结合真值表，用卡诺图对 P_L、P_S 进行化简如图 4-5 所示，有逻辑函数式 $P_S=\overline{A}+B\overline{C}$ 和 $P_L=\overline{B}$，对应的组合逻辑电路如图 4-6 所示。

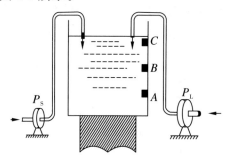

图 4-4 水泵供水示意图

表 4-2 真值表

ABC	P_S	P_L
000	1	1
001	×	×
010	×	×
011	×	×
100	0	1
101	×	×
110	1	0
111	0	0

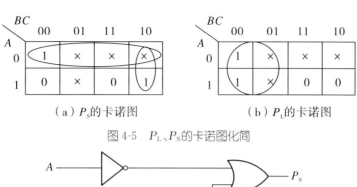

(a) P_S的卡诺图   (b) P_L的卡诺图

图 4-5 P_L、P_S的卡诺图化简

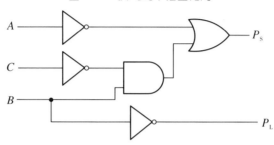

图 4-6   水泵供水的组合逻辑电路

4.2.2 优先编码器

编码器是将电路输入的每个高、低电平信号变成一个对应的二进制代码,以便于进行信号处理。其中,优先编码器允许同时输入两个以上的编码信号,编码器对所有输入的信号规定了优先顺序,当多个输入信号同时出现时,只对其中优先级最高的一个进行编码。常用的集成电路编码器有 8/3 线优先编码器和 10/4 线优先编码器等。

1. 8－3 线优先编码器

(1) 74HC148。

74HC148 是 8 线输入、3 线输出的二进制优先编码器,图 4-7 所示是它的逻辑符号。其中,$\overline{I}_0 \sim \overline{I}_7$ 是 8 个低电平有效的编码输入端,它们的编码优先级是 $\overline{I}_7 > \overline{I}_6 > \cdots > \overline{I}_0$,当输入端 $\overline{I}_7 = 0$ 时,表示输入端 $\overline{I}_7$ 有编码请求,如果输入端同时有多个低电平输入时则优先响应优先级高的编码输入。$\overline{S}$ 为低电平有效的编码选通输入端,当 $\overline{S}=1$ 时,禁止编码,输出无效;当 $\overline{S}=0$ 时,允许编码输出。$\overline{Y}_0 \sim \overline{Y}_2$ 为编码输出端,输出为反码。另外,$\overline{Y}_{EX}$ 为低电平有效的编码输出标志位,$\overline{Y}_{EX}=0$ 表示编码器的输入端有编码输入请求,输出端是有效的编码输出;$\overline{Y}_S$ 为低电平有效的输出选通端,可用来编码器电路的扩展,当本级没有编码信号请求时,$\overline{Y}_S=0$,允许级别低的编码器编码。具体功能表如表 4-3 所示,74HC148 是 CMOS 优先编码器,与它功能相同的 TTL 优先编码器有 74LS148。

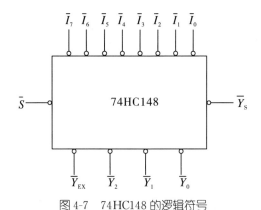

图 4-7　74HC148 的逻辑符号

表 4-3　74HC148 的功能表

输入									输出					工作状态
$\overline{S}$	$\overline{I}_0$	$\overline{I}_1$	$\overline{I}_2$	$\overline{I}_3$	$\overline{I}_4$	$\overline{I}_5$	$\overline{I}_6$	$\overline{I}_7$	$\overline{Y}_2$	$\overline{Y}_1$	$\overline{Y}_0$	$\overline{Y}_S$	$\overline{Y}_{EX}$	
1	×	×	×	×	×	×	×	×	1	1	1	1	1	禁止编码
0	1	1	1	1	1	1	1	1	1	1	1	0	1	可编码,无有效信号
0	×	×	×	×	×	×	×	0	0	0	0	1	0	编码
0	×	×	×	×	×	×	0	1	0	0	1	1	0	
0	×	×	×	×	×	0	1	1	0	1	0	1	0	
0	×	×	×	×	0	1	1	1	0	1	1	1	0	
0	×	×	×	0	1	1	1	1	1	0	0	1	0	
0	×	×	0	1	1	1	1	1	1	0	1	1	0	
0	×	0	1	1	1	1	1	1	1	1	0	1	0	
0	0	1	1	1	1	1	1	1	1	1	1	1	0	

(2)CD4532。

CMOS 的集成电路 CD4532 的功能与 TTL 门电路 74HC148 的功能一样,都为 8－3 线优先编码器。CD4532 的逻辑符号如图 4-8 所示,它的基本功能是将 8 个低电平有效地编码输入 $\overline{I}_0 \sim \overline{I}_7$,依次按优先级转换成三位二进制码,$\overline{I}_0 \sim \overline{I}_7$ 的编码优先级是 $\overline{I}_7 > \overline{I}_6 > \cdots > \overline{I}_0$。$\overline{EI}$ 为低电平有效的编码选通输入端,当 $\overline{EI}=1$ 时,禁止编码,输出无效;当 $\overline{EI}=0$ 时,允许编码输出。$\overline{Y}_0 \sim \overline{Y}_2$ 为编码输出端,输出为反码。另外,$\overline{GS}$ 为低电平有效的编码输出标志位,$\overline{GS}=0$ 表示编码器的输入端有编码输入请求,输出端是有效的编码输出;$\overline{EO}$ 为低电平有效的输出选通端,可用来编码器电路的扩展,当本级没有编码信号请求时,$\overline{EO}=0$,允许级别低的编码器编码。CD4532 的具体功能表如表 4-4 所示。

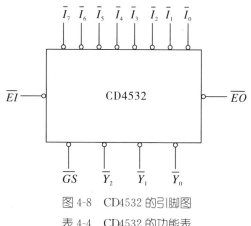

图 4-8 CD4532 的引脚图

表 4-4 CD4532 的功能表

输入									输出					工作状态
$\overline{EI}$	$\overline{I_0}$	$\overline{I_1}$	$\overline{I_2}$	$\overline{I_3}$	$\overline{I_4}$	$\overline{I_5}$	$\overline{I_6}$	$\overline{I_7}$	$\overline{Y_2}$	$\overline{Y_1}$	$\overline{Y_0}$	$\overline{EO}$	$\overline{GS}$	
1	×	×	×	×	×	×	×	×	1	1	1	1	1	禁止编码
0	1	1	1	1	1	1	1	1	1	1	1	0	1	可编码,无有效信号
0	×	×	×	×	×	×	×	0	0	0	0	1	0	编码
0	×	×	×	×	×	×	0	1	0	0	1	1	0	
0	×	×	×	×	×	0	1	1	0	1	0	1	0	
0	×	×	×	×	0	1	1	1	0	1	1	1	0	
0	×	×	×	0	1	1	1	1	1	0	0	1	0	
0	×	×	0	1	1	1	1	1	1	0	1	1	0	
0	×	0	1	1	1	1	1	1	1	1	0	1	0	
0	0	1	1	1	1	1	1	1	1	1	1	1	0	

2. 10−4 线优先编码器

74HC147 是 10 线输入、4 线输出的二—十进制优先编码器。图 4-9 所示为其对应的逻辑符号,$\overline{I_1} \sim \overline{I_9}$ 是 9 个低电平有效的编码输入端,其中,$\overline{I_9}$ 的优先级最高,$\overline{I_1}$ 最低,当 $\overline{I_9}=0$ 时,编码器只响应 $\overline{I_9}$,不会响应其他输入端的编码请求信号。$\overline{Y_0} \sim \overline{Y_3}$ 为编码输出端,输出为 8421BCD 码的反码,当 $\overline{I_9}=0$ 时,$\overline{Y_3}\,\overline{Y_2}\,\overline{Y_1}\,\overline{Y_0}=0110$,为 9 的反码,对应的原码为 1001,其余输入端的编码依次类推。74HC147 的具体功能表如表 4-5 所示。

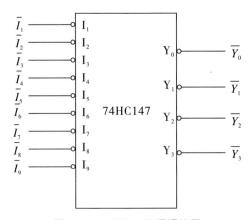

图 4-9 74HC147 的逻辑符号

表 4-5 二-十进制编码器 74HC147 的功能表

输入									输出			
$\bar{I}_1$	$\bar{I}_2$	$\bar{I}_3$	$\bar{I}_4$	$\bar{I}_5$	$\bar{I}_6$	$\bar{I}_7$	$\bar{I}_8$	$\bar{I}_9$	$\bar{Y}_3$	$\bar{Y}_2$	$\bar{Y}_1$	$\bar{Y}_0$
1	1	1	1	1	1	1	1	1	1	1	1	1
×	×	×	×	×	×	×	×	0	0	1	1	0
×	×	×	×	×	×	×	0	1	0	1	1	1
×	×	×	×	×	×	0	1	1	1	0	0	0
×	×	×	×	×	0	1	1	1	1	0	0	1
×	×	×	×	0	1	1	1	1	1	0	1	0
×	×	×	0	1	1	1	1	1	1	0	1	1
×	×	0	1	1	1	1	1	1	1	1	0	0
×	0	1	1	1	1	1	1	1	1	1	0	1
0	1	1	1	1	1	1	1	1	1	1	1	0

4.2.3 数据选择器

数据选择器是从一组输入数据中选出某一个输出,多路数据中选择哪一路做输出由输入的地址信号决定。常用的数据选择器有双 4 选 1 数据选择器(如 74HC153)和 8 选 1 数据选择器(如 74HC151)。

1. 双 4 选 1 数据选择器

74HC153 是集成的双 4 选 1 数据选择器,该器件由两个 4 选 1 数据选择器组成,图 4-10 所示为其对应的逻辑符号,其中,S_1、S_0 是两个共用的地址输入端,每个数据选择器有四个数据输入端 $I_0 \sim I_3$,一个低电平有效的选通使能端 $\bar{E}$ 和一个输出端口 Y。表 4-6 给出了 1/2 的 74HC153 的功能表,即一个 4 选 1 数据选择器的功能表,当 $\bar{E}=1$ 时,不论地址输入端和数据输入端的信号,选择器都不会响应,

输出 $Y=0$；当 $\overline{E}=0$ 时，数据选择器根据地址码的要求从 $I_0 \sim I_3$ 选取一个需要的数据输出。如 $S_1S_0=00$ 时，输出 $Y=I_0$；$S_1S_0=01$ 时，输出 $Y=I_1$；$S_1S_0=10$ 时，输出 $Y=I_2$；$S_1S_0=11$ 时，输出 $Y=I_3$。

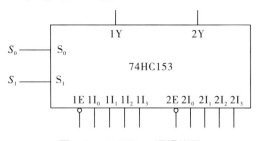

图 4-10　74HC153 逻辑符号

表 4-6　1/2 74HC153 的功能表

输入			输出	工作状态
$\overline{E}$	S_1	S_0	Y	
1	×	×	0	禁止工作
0	0	0	I_0	工作
0	0	1	I_1	
0	1	0	I_2	
0	1	1	I_3	

2.8 选 1 数据选择器

74HC151 为具有选通输入、互补输出的 8 选 1 数据选择器。该器件有三位地址码 A_2、A_1、A_0，八个数据输入端 $D_0 \sim D_7$，一个选通输入端 $\overline{E}$，低电平有效及互补输出端 Y 和 $\overline{Y}$，其逻辑符号如图 4-11 所示。功能表如表 4-7 所示，由该表可知，当 $\overline{E}=0$ 时，数据选择器根据地址码的要求从 $D_0 \sim D_7$ 选取一个需要的数据输出。当 $A_2A_1A_0=000$ 时，输出 $Y=D_0$、$\overline{Y}=\overline{D_0}$；当 $A_2A_1A_0=001$ 时，输出 $Y=D_1$、$\overline{Y}=\overline{D_1}$；其余类推。当 $\overline{E}=1$ 时，输出 $Y=0$、$\overline{Y}=1$，数据选择器不工作。

表 4-7　74HC151 的功能表

输入				输出	
$\overline{E}$	A_2	A_1	A_0	Y	$\overline{Y}$
1	×	×	×	0	1
0	0	0	0	D_0	$\overline{D}_0$
0	0	0	1	D_1	$\overline{D}_1$
0	0	1	0	D_2	$\overline{D}_2$
0	0	1	1	D_3	$\overline{D}_3$
0	1	0	0	D_4	$\overline{D}_4$
0	1	0	1	D_5	$\overline{D}_5$
0	1	1	0	D_6	$\overline{D}_6$
0	1	1	1	D_7	$\overline{D}_7$

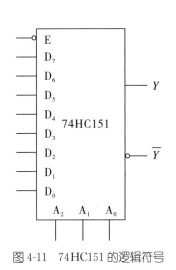

图 4-11　74HC151 的逻辑符号

4.3　计数器电路设计

在数字电路中,能够记录输入脉冲个数的电路称为计数器,它是数字电路中应用非常广泛的时序逻辑电路,它不仅能用于对时钟脉冲计数,还可以用于分频、定时、产生节拍脉冲和脉冲序列以及进行数字运算等。计数器的种类也很多,计数器是数字电路中常用的部件。

4.3.1　二进制计数器

1. 二进制加法计数器

74HC161 是具有异步清零端的四位同步二进制加法计数器,也可以称为同步十六进制加法计数器,计数范围是 0~15。图 4-12 所示为 74HC161 的逻辑符号,其中 CLK 是时钟脉冲输入端,上升沿有效;$\overline{LD}$ 是低电平有效的同步置数控制端;$\overline{R}_D$ 是低电平有效的异步清零控制端;EP 和 ET 是两个高电平有效的使能输入端;$D_0 \sim D_3$ 是预置数据输入端;$Q_0 \sim Q_3$ 是计数值输出端;C 是进位输出端。74HC161 的功能表如表 4-8 所示,由该表可知 74HC161 有以下功能:

(1) 异步清零功能。当 $\overline{R}_D = 0$ 时,计数器无条件清零,即 $Q_3 Q_2 Q_1 Q_0 = 0000$,对 CLK 的有效脉冲信号也不会响应。

(2) 同步并行置数功能。当 $\overline{R}_D = 1, \overline{LD} = 0$ 时,在时钟脉冲 CP 上升沿的作用下,计数器将 $D_3 \sim D_0$ 端的数据并行加载到输出端,即 $Q_3 Q_2 Q_1 Q_0 = D_3 D_2 D_1 D_0$。

(3)保持功能。当$\overline{R_D}=\overline{LD}=1$,且$EP=0$或$ET=1$时,则计数器保持原来的状态不变,如果$EP=0$且$ET=1$,则计数器输出和进位输出信号$C$的状态不变;如果$ET=0$,则计数器输出保持不变,而$C=0$。

(4)计数功能。当$\overline{R_D}=\overline{LD}=EP=ET=1$,且$CLK$端有脉冲输入时,计数器进行二进制加法计数,这时进位输出$C=Q_3Q_2Q_1Q_0$,当计数计到$Q_3Q_2Q_1Q_0=1$时,$C=1$。

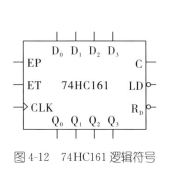

图 4-12　74HC161 逻辑符号

表 4-8　74HC161 的功能表

CLK	$\overline{R}_D$	$\overline{L}_D$	EP	ET	工作状态
×	0	×	×	×	置0(异步)
↑	1	0	×	×	预置数(同步)
×	1	1	0	1	保持(包括C)
×	1	1	×	0	保持(C=0)
↑	1	1	1	1	计数

2. 二进制加/减计数器

74HC191 是四位单时钟同步二进制加/减计数器,它的逻辑符号如图 4-13 所示。其中,$\overline{CT}$是低电平有效的计数使能输入端;$\overline{LD}$是低电平有效的同步置数控制端;$D_0 \sim D_3$是并行数据输入端;$Q_0 \sim Q_3$是计数值输出端;$\overline{U}/D$为加/减计数方式控制端。CO/BO为进位输出/借位输出端。$\overline{RC}$为级间串行时钟输出端,可以用来多个芯片的级联扩展。74HC191 功能表如表 4-9 所示,当$\overline{CT}=\overline{LD}=1$,计数器保持原来的状态不变;当$\overline{LD}=0$时,计数器将$D_3 \sim D_0$的输入数据并行加载到相应触发器,即$Q_3Q_2Q_1Q_0=D_3D_2D_1D_0$;当$\overline{CT}=0$、$\overline{LD}=1$、$\overline{U}/D=0$时,在$CP$脉冲上升沿作用下,计数器进行二进制加法计数,且$Q_3Q_2Q_1Q_0=1111$时,有进位信号输出,$CO/BO=1$;当$\overline{CT}=0$、$\overline{LD}=1$、$\overline{U}/D=1$时,在$CP$脉冲上升沿作用下,计数器进行二进制减法计数,且$Q_3Q_2Q_1Q_0=0000$时,表示有借位信号输出,$CO/BO=1$。

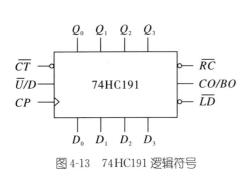

图 4-13 74HC191 逻辑符号

表 4-9 74HC191 的功能表

CLK	$\overline{CT}$	$\overline{LD}$	$\overline{U}/D$	工作状态
×	1	1	×	保持
×	×	0	×	预置数（异步）
↑	0	1	0	加计数
↑	0	1	1	减计数

3. 14 位二进制计数器

CD4060 是 CMOS14 位二进制串行计数器，也称为分频器，片内集成了振荡电路和 14 级二进制串行计数器，由于内部集成振荡电路，则在其外引脚上只需接一个晶振、两个电容和一个电阻即可很容易地起振。图 4-14 为 CD4060 的引脚图，其中，Q_4、Q_5、$\cdots$、Q_{14} 分别对应于晶振频率的 2^n 分频方波频率输出，CP_1 与 $\overline{CP_0}$ 是外部振荡电路输入端，CP_0 是振荡反向输出端，在 CP_1 和 $\overline{CP_0}$ 下降沿时以二进制进行计数/分频，通过 14 位异步计数器级联可以达最大 2^{14} 分频，在 CP_1 与 $\overline{CP_0}$ 上升沿时计数器保持状态，R_D 是清零端，高电平有效，$R_D = 0$ 时计数器清零，正常计数时 R_D 接低电平。

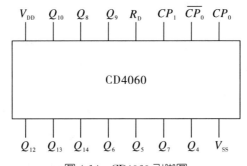

图 4-14 CD4060 引脚图

图 4-15 所示为秒脉冲发生器，用 R_1、R_2、C_1、C_2 和晶振一起构成一个石英晶体振荡电路，其晶振的频率为 32768 Hz。振荡电路产生的脉冲信号经过 CD4060 分频，在 Q_{14} 端实现 32768 Hz 的 2^{14} 分频，即 Q_{14} 端输出信号的频率为 2 Hz，2 Hz 的信号经双 D 触发器 4013 的 2 分频得到 1 Hz 的秒脉冲信号。

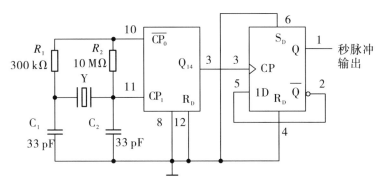

图 4-15　CD4060 构成的秒脉冲发生器

4.3.2　十进制计数器

1. 十进制加法计数器

74HC160 是中规模集成同步十进制加法计数器,其逻辑符号图如图 4-16 所示。其中,CLK 是时钟脉冲输入端,上升沿有效;$\overline{LD}$ 是低电平有效的同步置数控制端;$\overline{R}_D$ 是低电平有效的异步清零控制端;EP 和 ET 是两个计数使能输入端;$D_0 \sim D_3$ 是并行数据输入端;$Q_0 \sim Q_3$ 是计数值输出端;C 是进位信号输出端。74HC160 的功能表如表 4-10 所示,由该表可知 74HC160 与 74HC161 相似,也有异步清零、同步并行置数、保持和计数功能,只是在保持和计数功能方面有些微小差异。当 $\overline{R}_D = \overline{LD} = 1$,且 $EP = 0$ 或 $ET = 0$ 时,计数器保持原来的状态不变,这时,如果 $EP = 0$、$ET = 1$,则 $C = ETQ_3Q_0 = Q_3Q_0$,如果 $ET = 0$,则 $C = ETQ_3Q_0 = 0$;当 $\overline{R}_D = \overline{LD} = EP = ET = 1$,$CLK$ 有脉冲输入,计数器按照 8421BCD 码的规律进行十进制加法计数,进位输出 $C = Q_3Q_0$。

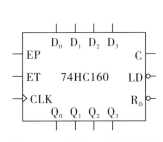

图 4-16　74HC160 逻辑功能符号

表 4-10　74HC160 的功能表

CLK	$\overline{R}_D$	$\overline{L}_D$	EP	ET	工作状态
×	0	×	×	×	置 0(异步)
↑	1	0	×	×	预置数(同步)
×	1	1	0	1	保持(包括 C)
×	1	1	×	0	保持($C=0$)
↑	1	1	1	1	计数

2. 十进制加/减计数器

74HC190是四位单时钟同步二进制加/减计数器,其逻辑符号如图4-17所示。其中,$\overline{CT}$是低电平有效的计数使能输入端;$\overline{LD}$是低电平有效的同步置数控制端;$D_0 \sim D_3$是并行数据输入端;$Q_0 \sim Q_3$是计数器状态输出端;$\overline{U}/D$为加/减计数方式控制端;CO/BO为进位输出/借位输出端;$\overline{RC}$为级间串行时钟输出端。74HC190功能表如表4-11所示,由该表可知74HC191与74HC190的功能相似,都有异步置数功能、保持功能和计数功能,只是74HC191是在CP脉冲上升沿作用进行十进制的加计数或减计数。

表4-11 74HC190的功能表

CLK	$\overline{CT}$	$\overline{LD}$	$\overline{U}/D$	工作状态
×	1	1	×	保持
×	×	0	×	预置数(异步)
↑	0	1	0	加计数
↑	0	1	1	减计数

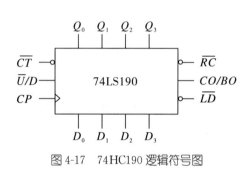

图4-17 74HC190逻辑符号图

3. 双十进制计数器 CD4518

CD4518是CMOS十进制同步加法计数器,内含两个单元的加法计数器,即双十进制计数器,其引脚图如图4-18所示。其中,CP是上升沿触发的时钟信号输入端,EN既作为使能端也可作为下降沿触发的时钟信号输入端,如果用CP信号上升沿触发,触发信号由CP端输入,EN置高电平,如采用下降沿触发,则触发信号由EN端输入,且CP端接低电平。R是高电平有效的清零端,R=1,则计数器各端输出$Q_0 \sim Q_3$均为0,正常计数时,R=0,其功能表如表4-12所示。

表4-12 CD4518功能表

CP	EN	R	工作状态
↑	1	0	加法计数
0	↓	0	加法计数
×	0	0	保持
1	×	0	保持
×	×	1	清零

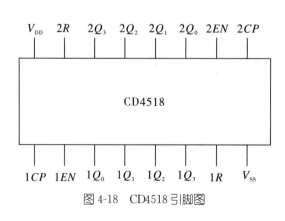

图4-18 CD4518引脚图

4.3.3 利用计数器设计 N 进制计数器

用集成计数器构成 N 进制计数器的方法有清零法、置数法、级联法等。当 N 小于集成计数器本身的计数进制时，则采用单片计数器的异步清零端或同步置数端来构成 N 进制计数器。如果要扩大计数器的计数容量，可将多片集成计数器级联。

图 4-19 所示是用 74HC160 异步清零功能构成的 6 进制计数器，当计数器计数到 0110（十进制数为 6，即计到 6 个 CLK 脉冲）时，$Q_3 \sim Q_0$ 中的高电平 1 通过与非门将输出的低电平 0 加到异步清零端 $\overline{R_D}$，使计数器回到初始的 0 状态，开始下一个计数循环。在该电路中，0111 状态存在的时间极为短暂，约等于与非门和计数器内部电路的传输延时时间，因此，一个计数循环的有效状态是 0000～0101，从而实现 6 进制计数器。

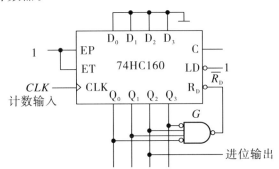

图 4-19　74HC160 异步清零法构成 6 进制计数器

图 4-20 所示是用 74HC160 同步置数功能构成的 6 进制计数器，图 4-20(a)的并行数据输入端 $D_3D_2D_1D_0=0000$，计数器从 0 开始计数，当计数到 0101（十进制 5）时，将 $Q_3 \sim Q_0$ 中的高电平 1 通过与非门将输出的低电平 0 加到同步置数端 $\overline{LD}$，当下一个脉冲即第 6 个 CP 脉冲到来时，计数器被置数为 $D_3D_2D_1D_0=0000$，回到初始计数状态，从而实现 6 进制计数器。图 4-20(b)的并行数据输入端 $D_3D_2D_1D_0=1001$，计数起始从 9 开始计数，当计数到 1110（十进制 14）时，将 $Q_3 \sim Q_0$ 中的高电平 1 通过与非门将输出的低电平 0 加到同步置数端 $\overline{LD}$，当下一个脉冲即第 15 个 CP 脉冲到来时，计数器被置数为 $D_3D_2D_1D_0=1001$，回到初始计数状态，从而实现 6 进制计数器。

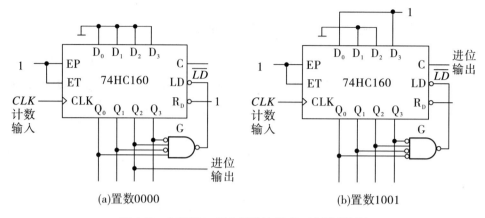

图 4-20 74HC160 同步置数法构成 6 进制计数器

图 4-21 所示为两片 74HC160 级联成的一百进制同步加法计数器。从图中可以看出,个位片 74HC160(1)在计到 9 以前,其进位输出 $C=Q_3Q_0=0$,十位片 74HC160(2)的 $ET=EP=0$,保持原状态不变。当个位片计数到 9 时,其进位输出高电平,这时十位片的 $ET=EP=1$,使十位片能够接收 CLK 时钟脉冲开始计数。所以,输入第 10 个 CP 脉冲时,个位片回到 0 状态,同时使十位片加 1,即个位片每计到 9,在第 10 个 CP 脉冲时,十位片计 1,从而实现 100 进制计数。

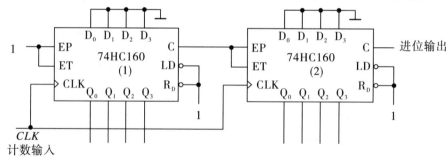

图 4-21 两片 74HC160 级联构成 100 进制计数器

4.4 脉冲波形产生与整形电路设计

数字电路中获得脉冲波形的方法主要有两种,一种是利用多谐振荡器直接产生符合要求的矩形脉冲;另一种是通过整形电路对已有的波形进行整形、变换,使之符合系统的要求。多谐振荡器是一种自激振荡器,不需要输入触发信号,接通电源后就可自动输出矩形脉冲,常用作脉冲信号源及时序电路中的时钟信号。

4.4.1 施密特触发器构成的多谐振荡器

集成施密特触发器有两个稳态,当外触发信号上升到施密特电路的正向阈值电压 U_{T+} 时,电路从初始稳态翻转到另一个稳态,并且稳定状态需要外触发电平来维持,一旦外触发电平幅度下降到负向阈值电压 U_{T-} 以后,电路立即返回到初始稳态。利用这个特性并加入 RC 定时元件可组成多谐振荡器。

图 4-22 所示为 6 个施密特触发器电路组成的集成芯片 CD40106,每个电路均在两输入端具有施密特触发器功能的反相器,触发器在信号的上升和下降沿的不同点开、关,其电压传输特性曲线如图 4-23 所示。V_{T+} 是上升电压阈值,V_{T-} 是下降电压阈值,上升电压和下降电压之差定义为滞后电压,输出电平 V_O 有两条变化曲线,当 V_I 升至 V_{T+} 值时,输出 V_O 由高电平 V_{OH} 翻转至低电平 V_{OL},V_I 降至 V_{T-} 值时,输出由低电平 V_{OL} 翻转至高电平 V_{OH}。

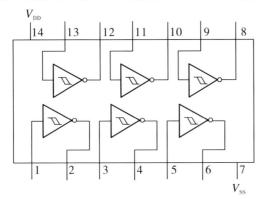

图 4-22 CD40106 引脚图

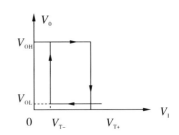

图 4-23 CD40106 电压传输特性曲线

图 4-24 所示为 CD40106 构成的多谐振荡器。在接通电源的瞬间,电容 C 两端的电压值为零,多谐振荡器电路输出高电平即 $u_o=1$,这时,电流从输出 u_o 经反馈电阻 R 向电容 C 充电,使输入电压 u_i 上升。当 u_i 上升到正向阈值电压 V_{T+} 时,电路的状态发生翻转,使输出 u_o 跳变为低电平,这时电容 C 经电阻 R 放电,使 u_i 下降,当 u_i 下降到负向阈值电压 V_{T-} 时,电路再次翻转。电路就这样周而复始不停振荡,产生矩形脉冲。其振荡频率可通过改变 R 和 C 的大小来调节,设充电时间为 T_1,放电时间为 T_2,则振荡周期可用下式估算:

$$T = T_1 + T_2 = RC\ln\frac{V_{DD}-V_{T-}}{V_{DD}-V_{T+}} + RC\ln\frac{V_{DD}-V_{T+}}{V_{DD}-V_{T-}} \tag{4-1}$$

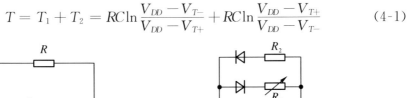

图 4-24 40106 构成的多谐振荡器图　　图 4-25 占空比可调的多谐振荡器

图 4-24 中的多谐振荡器的占空比与 R 和 C 有关,在设计电路时,一旦 R 和 C

确定，则电路中的占空比就是固定不变的。如果需要设计占空比可调的多谐振荡器，则可采用图 4-25 所示的电路，其为 CMOS 施密特触发器 40106 组成的多谐振荡器。该电路中充电回路采用了固定电阻 R_2，而放电回路中的电阻 R_1 的阻值是可以调节的，调节它可以实现占空比的可调节，其电路的振荡周期可用下式估算。

$$T = R_1 \text{Cln} \frac{V_{DD}-V_{T-}}{V_{DD}-V_{T+}} + R_2 \text{Cln} \frac{V_{DD}-V_{T+}}{V_{DD}-V_{T-}} \tag{4-2}$$

4.4.2 单稳态触发器构成的多谐振荡器

图 4-26 所示为集成单稳态触发器 74HC121 的逻辑符号，A_1、A_2 和 B 是 3 个脉冲输入端，若 $B=1$，可利用 A_1 或 A_2 实现下降沿触发，若 A_1 或 A_2 中有零，可利用 B 实现上升沿触发。74HC121 既可利用外接电阻定时，也可利用内部电阻定时，图 4-26(a) 所示为外接电阻的定时电路，R_{ext}/C_{ext} 和 C_{ext} 之间接电容，且 R_{ext}/C_{ext} 通过外接电阻 R 接到电源 V_{CC}；图 4-26(b) 所示为内接电阻的定时电路，R_{ext}/C_{ext} 和 C_{ext} 之间接电容，且 R_{int} 接到电源 V_{CC}，u_o 和 $\bar{u}_o$ 为互补输出端。74HC121 的功能表如表 4-13 所示。

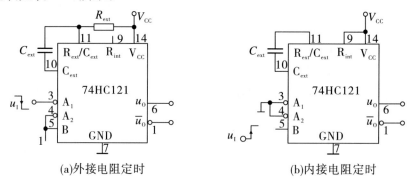

图 4-26 74HC121 的电阻连接电路

表 4-13 74HC121 的功能表

输入			输出	
A_1	A_2	B	u_O	$\bar{u}_O$
0	×	1	0	1
×	0	1	0	1
×	×	0	0	1
1	1	×	0	1
1	⎍	1	⊓	⊔
⎍	1	1	⊓	⊔
⎍	⎍	1	⊓	⊔

续表

输入			输出	
A_1	A_2	B	u_O	$\overline{u}_O$
0	×	⤴	⊓	⊔
×	0	⤴	⊓	⊔

图 4-27 为两片 74HC121 组成的多谐振荡器,第一级 74HC121 为上升沿触发,触发脉冲由第二级 74HC121 的反向输出端提供,即 $B=u_{o2}$,而第二级 74HC121 为下降沿触发,触发脉冲由第一级 74HC121 的输出端提供,即 $A_1(2)=A_2(2)=Q_1$。当 Q_1 出现下跳变时,74HC121(2)输出高电平 $Q_2=1$,经时间 $t_2=0.7R_2C$ 延迟后,$Q_2=0$,这时 $\overline{Q}_2$ 由低电平跳变为高电平,使得 74HC121(1) 的 B 端有上升沿触发,74HC121(1) 的 $Q_1=1$,经时间 $t_1=0.7R_1C$ 延迟后,又自动跳变为低电平,产生的下降沿又会触发 74HC121(2),使得 $Q_2=1$,如此重复,产生多谐振荡。Q_2 输出的脉冲波形的频率由 R_1、R_2、C_1、C_2 决定,设 $R_1=9.1\ \text{k}\Omega$,$R_2=100\ \text{k}\Omega$,$C_1=C_2=0.001\ \mu\text{F}$,根据下面公式可得振荡频率为 $f=158.7\ \text{Hz}$。

$$f_0 = \frac{1}{t_1+t_2} = \frac{1}{0.7(R_1C_1+R_2C_2)} \tag{4-3}$$

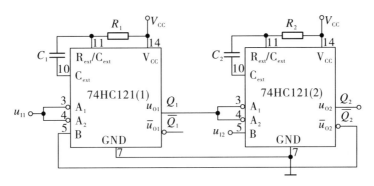

图 4-27 用 74HC121 构成多谐振荡器

4.4.3 555 定时器构成的多谐振荡器

555 集成定时器是一种将模拟功能和数字功能巧妙结合在一起的中规模集成电路,它的内部电路图如图 4-28(a)所示,主要有两个电压比较器、三个等值串联电阻、一个 RS 触发器、一个放电管 T 等,它的功能逻辑符号如图 4-28(b)所示。555 定时器只需要外接几个电阻电容元件就可以实现多种功能,如采用 555 定时器就可以实现多谐振荡器、单稳态触发器及施密特触发器等脉冲产生与变换电路。其中,图 4-29(a)所示的电路图为 555 定时器构成的多谐振荡器,将 555 定时器的高、低电压触发输入端 V_{I1}(TH)、V_{I2}($\overline{\text{TR}}$)相连,并通过电容 C 接地,通过 R_1、

R_2 接到电源 V_{CC}。在电源接通的瞬间，电容 C 两端的电压为 0，即 $u_C = 0$ V，输出为高电平 $V_o = 1$。这时，V_{CC} 通过电阻 R_1、R_2 给电容 C 充电，电路进入第一种暂稳态，在充电过程中，电容电压 u_C 呈指数上升，当 $u_C > \frac{2}{3} V_{CC}$ 时，555 定时器的输出下跳为低电平，且 555 定时器内的放电管 T 导通，电路进入第二种暂稳态；电容 C 经电阻 R_2 和放电管放电，u_C 逐渐下降，当 $u_C < \frac{1}{3} V_{CC}$，555 定时器输出又由低电平跳变为高电平，放电管 T 由导通状态转化为截止状态，这时，电容 C 又进入充电状态。随着电容电压的上升，随后电容 C 又进入放电状态，因此，图 4-29(a) 所示的电路将不断重复上述的充电、放电过程，从而使电路产生振荡，其对应的工作波形如图 4-29(b) 所示。

第一种暂稳态的持续时间为
$$t_1 = 0.7(R_1 + R_2)C \tag{4-4}$$

第二种暂稳态的持续时间为
$$t_2 = 0.7 R_2 C \tag{4-5}$$

电路的振荡周期为
$$T = t_1 + t_2 = 0.7(R_1 + 2R_2)C \tag{4-6}$$

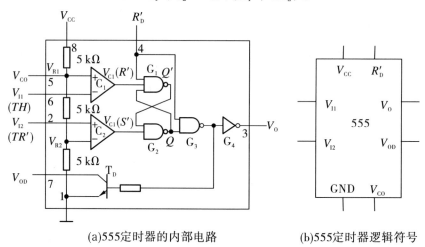

(a) 555定时器的内部电路　　(b) 555定时器逻辑符号

图 4-28　555 定时器

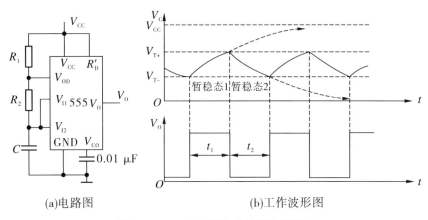

(a)电路图　　　　　　　　(b)工作波形图

图 4-29　555 定时器构成的多谐振荡器

4.4.4　石英晶体振荡器

前面介绍的几种多谐振荡器的频率稳定度较差,容易受到电源电压的波动、温度变化和 RC 参数误差等因素影响,而在计算机等数字设备中,则要求能够提供振荡频率十分稳定的脉冲信号,而石英晶体振荡器就能够产生稳定的脉冲信号,所以石英晶体多谐振荡器应用广泛。

图 4-30 所示为石英晶体的逻辑符号,图 4-31 所示为石英晶体的阻抗频率特性。由图可看出,当外加信号的频率 f 和石英晶体的固有谐振频率 f_0 相同时,石英晶体才呈现极小的阻抗,因此,石英晶体具有很好的选频特性,将石英晶体串接在多谐振荡器的反馈环路中时,就可获得振荡频率只取决于石英晶体本身固有频率 f_0,而与电路中的 RC 值无关的脉冲信号。

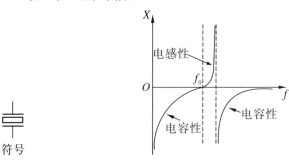

图 4-30　石英晶体逻辑符号　　　图 4-31　石英晶体谐振特性

图 4-32 所示为石英晶体多谐振荡器,石英晶体可以串联在电路里,也可以并联使用。图 4-32(a)为串接石英晶体多谐振荡器,即将石英晶体串接在对称多谐振荡器的电容回路中,其中,反馈电阻 R_{F1} 和 R_{F2} 为非门 G_1 和 G_2 提供偏置,使得它们工作在放大区,在振荡频率为 f_0,电容 C_1 和 C_2 呈现的容抗很小,一般忽略不计。图 4-32(b)所示为并接石英晶体多谐振荡器,R_1 为反馈电阻,它的取值为 10~100 MΩ,电容 C_1 是频率微调电容,取值为 4/35 pF。

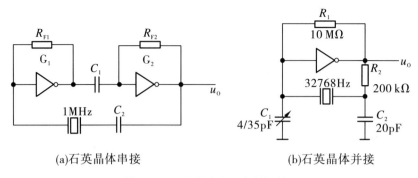

(a) 石英晶体串接　　　　　　　(b) 石英晶体并接

图 4-32　石英晶体实现多谐振荡器

4.5　报警电路

报警器是一种为防止或预防某事件发生所造成的后果,以声音、光、气压等形式来提醒或警示人们应当采取某种行动的电子产品,经常应用于系统故障、安全防范、交通运输、医疗救护、应急救灾、感应检测等领域。其主要组成部分就是报警电路,常见的报警电路有晶体管电子报警电路、计算器与非门报警电路、4093双音报警电路、UM3561型三声报警集成电路、555定时器报警电路等。

图 4-33 所示为 555 定时器构成的变音报警电路,它由两个多谐振荡器电路组成。第一级多谐振荡器由 R_1、R_2、C_1 和第一片 555 定时器等元器件组成,它的工作频率由 R_1、R_2 和 C_1 决定。当第一级多谐振荡器在电源接通的瞬间,电容 C_1 两端的电压为 0,即 $u_{C_1}=0$ V,输出为高电平即 $u_{o1}=1$,电源通过 R_1、R_2 给电容 C_1 充电;当 $u_{C_1}>\frac{2}{3}V_{CC}$ 时,u_{o1} 跳变为低电平 $u_{o1}=0$,电容 C_1 经电阻 R_2 和放电管放电,u_C 逐渐下降;当 $u_C<\frac{1}{3}V_{CC}$ 时,$u_{o1}=1$,电路将不断重复上述的充、放电过程,其工作频率 $f_1 \approx 1.43/[(R_1+2R_2)C_1]$,根据图 4-33 中的电阻值和电容值,可知 $f_1 \approx 1$ Hz。第二级多谐振荡器由 R_4、R_5、C_2 和第二片 555 定时器等元器件组成,它的振荡频率受第一级多谐振荡器的输出 u_{o1} 控制。第二级多谐振荡器的 5 脚接 u_{o1},电源接通后,电源通过 R_4、R_5 向 C_2 充电,当 $u_{C2}>u_{o1}$ 时,u_{o2} 由初始的高电平跳变为低电平即 $u_{o2}=0$,电容 C_2 经电阻 R_5 和放电管放电,u_{C2} 逐渐下降;当 $u_{C2}<\frac{1}{2}u_{o1}$ 时,$u_{o2}=1$,电路也将不断重复上述的充、放电过程,其工作频率 $f_2 \approx 1.43/[(R_4+2R_5)C_2]$,根据图 4-33 中的电阻值和电容值,可知 $f_2 \approx 611$ Hz。所以,当 $u_{o1}=0$ 时,第二级多谐振荡器 5 脚输入电压降低,电容 C_2 充放电时间缩短,电路的振荡频率升高,扬声器发出的声音音调高;当 $u_{o1}=1$ 时,第二级多谐振荡器 5 脚输入电压增大,电容 C_2 充放电时间加长,电路的振荡频率降低,扬声器发出

的声音调低。

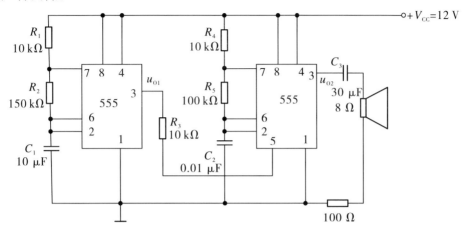

图 4-33　555 定时器实现变音报警电路

4.6　译码及驱动显示电路

译码器是将输入的二值代码转换成对应的高、低电平信号,是编码的反操作。常用的译码器可分为二进制译码器、二－十进制译码器和显示译码器。

4.6.1　二进制译码器

将输入的二进制代码译成十进制数或相应的控制电平,它的特点是:输入是一组二进制代码,输出是一组与输入对应的高低电平。图 4-34 所示为一个三位的二进制译码器 3－8 线译码器 74HC138 的逻辑符号,A_0、A_1、A_2 是高电平有效的二进制代码输入端,S_1、$\overline{S}_2$、$\overline{S}_3$ 为三个使能端,S_1 高电平有效,$\overline{S}_2$、$\overline{S}_3$ 低电平有效,$\overline{Y}_0 \sim \overline{Y}_7$ 为低电平有效的输出端。当 $S_1 = 0$ 或 $\overline{S}_2 + \overline{S}_3 = 1$,74HC138 没有译码工作,它的输出不受输入的影响,输出都为高电平即 $\overline{Y}_0 \sim \overline{Y}_7 = 1$;当 $S_1 = 1$ 且 $\overline{S}_2 + \overline{S}_3 = 0$,74HC138 处于译码状态,$\overline{Y}_0 \sim \overline{Y}_7$ 的值是与 A_0、A_1、A_2 相对应的一组高低电平,其逻辑功能表如表 4-14 所示。

图 4-34　74HC138 逻辑符号

表 4-14　74HC138 逻辑功能表

输入					输出								工作状态
S_1	$\overline{S}_2+\overline{S}_3$	A_2	A_1	A_0	$\overline{Y}_7$	$\overline{Y}_6$	$\overline{Y}_5$	$\overline{Y}_4$	$\overline{Y}_3$	$\overline{Y}_2$	$\overline{Y}_1$	$\overline{Y}_0$	
0	×	×	×	×	1	1	1	1	1	1	1	1	$S=0$, 禁译
×	1	×	×	×	1	1	1	1	1	1	1	1	
1	0	0	0	0	1	1	1	1	1	1	1	0	译码
1	0	0	0	1	1	1	1	1	1	1	0	1	
1	0	0	1	0	1	1	1	1	1	0	1	1	
1	0	0	1	1	1	1	1	1	0	1	1	1	
1	0	1	0	0	1	1	1	0	1	1	1	1	
1	0	1	0	1	1	1	0	1	1	1	1	1	
1	0	1	1	0	1	0	1	1	1	1	1	1	
1	0	1	1	1	0	1	1	1	1	1	1	1	

图 4-35 所示为两片 74HC138 扩展成一个 4—16 线译码器，将第一片 74HC138 的使能端 $\overline{S}_2$、$\overline{S}_3$ 与第二片 74HC138 的使能端 S_1 并联使用作为输入的 A_3，当 $A_3=0$ 时，第一片 74HC138 正常译码，第二片 74HC138 禁止译码工作，$A_3A_2A_1A_0=0000\sim0111$ 时，第二片 74HC138 的 $\overline{Y}_8\sim\overline{Y}_{15}=11111111$，第一片 74HC138 的 $\overline{Y}_0\sim\overline{Y}_7$ 输出一组与输入相应的高低电平；当 $A_3=1$ 时，第一片 74HC138 禁止译码，第二片 74HC138 正常译码工作，$A_3A_2A_1A_0=1000\sim1111$ 时，第一片 74HC138 的 $\overline{Y}_0\sim\overline{Y}_7$ 输出高电平，第二片 74HC138 的 $\overline{Y}_8\sim\overline{Y}_{15}$ 输出相应高低电平。

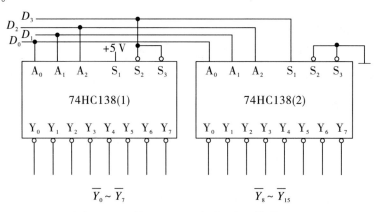

图 4-35　两片 74HC138 实现 4—16 线译码器

4.6.2 二—十进制译码器

将输入的 BCD 码翻译成十路信号的高、低电平,即将输入的一组 4 位二—十进制码翻译成一组 10 位的高低电平,也称为 4－10 线译码器。图 4-36 所示为 4－10 线译码器 74HC42 的逻辑符号。表 4-15 为它对应的逻辑功能表,它有 4 个高电平有效的输入端 A_0、A_1、A_2、A_3,10 个输出端 $\overline{Y}_0 \sim \overline{Y}_9$,输出低电平有效。74HC42 的输入是 8421BCD 码,只用到二进制码的前十个 0000～1001,后面 6 个二进制码 1010～1111 是伪码,没有使用到,如果输入出现伪码,则输出都为高电平,译码器不译码。

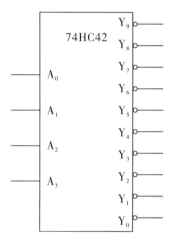

图 4-36 74HC42 逻辑符号

表 4-15 74HC42 的逻辑功能表

输入				输出										备注
A_3	A_2	A_1	A_0	$\overline{Y}_0$	$\overline{Y}_1$	$\overline{Y}_2$	$\overline{Y}_3$	$\overline{Y}_4$	$\overline{Y}_5$	$\overline{Y}_6$	$\overline{Y}_7$	$\overline{Y}_8$	$\overline{Y}_9$	
0	0	0	0	0	1	1	1	1	1	1	1	1	1	
0	0	0	1	1	0	1	1	1	1	1	1	1	1	
0	0	1	0	1	1	0	1	1	1	1	1	1	1	
0	0	1	1	1	1	1	0	1	1	1	1	1	1	
0	1	0	0	1	1	1	1	0	1	1	1	1	1	译码
0	1	0	1	1	1	1	1	1	0	1	1	1	1	
0	1	1	0	1	1	1	1	1	1	0	1	1	1	
0	1	1	1	1	1	1	1	1	1	1	0	1	1	
1	0	0	0	1	1	1	1	1	1	1	1	0	1	
1	0	0	1	1	1	1	1	1	1	1	1	1	0	

续表

输入				输出										备注
A_3	A_2	A_1	A_0	$\overline{Y_0}$	$\overline{Y_1}$	$\overline{Y_2}$	$\overline{Y_3}$	$\overline{Y_4}$	$\overline{Y_5}$	$\overline{Y_6}$	$\overline{Y_7}$	$\overline{Y_8}$	$\overline{Y_9}$	
1	0	1	0	1	1	1	1	1	1	1	1	1	1	
1	0	1	1	1	1	1	1	1	1	1	1	1	1	
1	1	0	0	1	1	1	1	1	1	1	1	1	1	拒绝伪码
1	1	0	1	1	1	1	1	1	1	1	1	1	1	
1	1	1	0	1	1	1	1	1	1	1	1	1	1	
1	1	1	1	1	1	1	1	1	1	1	1	1	1	

4.6.3 显示译码器

计算机输出的是 BCD 码，要想在数码管上显示十进制数，就必须先把 BCD 码转换成 7 段字形数码管所要求的代码，而将计算机输出的 BCD 码换成 7 段字形代码，并使数码管显示出十进制数的电路称为"七段字形译码器"。图 4-37 所示为 4－7 线译码器 7448，A_0、A_1、A_2、A_3 为 4 个高电平有效的输入端，$Y_a \sim Y_g$ 为高电平有效的输出端，$\overline{LT}$、$\overline{RBI}$、$\overline{BI/RBO}$ 为 3 个使能端，对应的逻辑功能表如表 4-16 所示。当 $\overline{LT}=0$、$\overline{BI/RBO}=1$ 时，输出 $Y_a \sim Y_g = 1111111$，用 7 段数码检测 7 段显示器各字段是否能正常被点亮，如果不是"8"的字形，则显示器中有二极管损坏等问题。$\overline{RBI}$ 是低电平有效的灭零输入端，当 $\overline{RBI}=0$、$\overline{LT}=1$ 和 $\overline{BI}=0$ 时，如 7448 的四个输入全为低电平，则有 $Y_a \sim Y_g = 0000000$，将输出信号送给共阴极的 7 段数码管，则数码管无显示；当 $\overline{RBI}=1$、$\overline{LT}=1$ 和 $\overline{BI}=1$ 时，7 段数码管上显示出 0～9。$\overline{RBO}$ 是灭零输出端，与 $\overline{RBI}$ 配合使用，可根据需要来熄灭显示多位数字前后不必要的 0，而在显示 0～9 时不受影响，以提高视读的清晰度。当 $\overline{LT}=1$、$\overline{RBI}=0$ 时，如果 $A_0 \sim A_3 = 0000$，$Y_a \sim Y_g = 0000000$，共阴极 7 段数码管不显示"0"的字形，而是各字段全部熄灭；当 $\overline{RBO}=0$ 时，如果 $A_0 \sim A_3 = 0000$，$Y_a \sim Y_g = 0000000$，共阴极 7 段数码管不显示"0"的字形；如 $A_0 A_1 A_2 A_3 \neq 0000$，输出 $Y_a \sim Y_g$ 为对应的高低电平组合，共阴极 7 段数码管正常显示 $\overline{RBO}=1$。

图 4-37　7448 的逻辑符号

表 4-16　7448 的逻辑功能表

输入						特殊端	输出							工作状态
$\overline{LT}$	$\overline{RBI}$	A_3	A_2	A_1	A_0	$\overline{BI/RBO}$	Y_a	Y_b	Y_c	Y_d	Y_e	Y_f	Y_g	
0	×	×	×	×	×	1	1	1	1	1	1	1	1	试灯
×	×	×	×	×	×	0(输入)	0	0	0	0	0	0	0	灭灯
1	0	0	0	0	0	0(输出)	0	0	0	0	0	0	0	灭零
1	1	0	0	0	0	1	1	1	1	1	1	1	0	输出"$\sqcup$"
1	×	0	0	0	1	1	0	1	1	0	0	0	0	按功能表
⋮	⋮	⋮	⋮	⋮	⋮	⋮	⋮	⋮	⋮	⋮	⋮	⋮	⋮	译码译出 1 至 15
1	×	1	1	1	1	1	0	0	0	0	0	0	0	

7 段数码管是由 7 个半导体发光二极管组成,如果带小数点,则为 8 个二极管组成。图 4-38 所示为 7 段数码管的内部电路,(a)是共阴极的数码管,7 个二极管的阴极并接到地,在高电平驱动下点亮;(b)是共阳极的数码管,7 个二极管的阳极并接到电源电压,其在低电平驱动下点亮。发光二极管在使用时,需要串接电阻,用以限流作用,以免二极管烧坏。

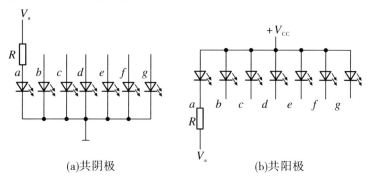

(a)共阴极　　　　　　(b)共阳极

图 4-38　7 段数码管电路

图 4-39 是共阴极七段数码管的引脚图,a、b、c、d、e、f、g、dp 代表数码管的各个笔段,当在某段二极管上施加一定的正向电压时,该笔段即亮;不加电压则暗。表 4-17 给出了共阴极和共阳极 7 段数码管显示字符 0~9 时的段选码,如数码管显示字符"1"时,则笔段 b、c 被点亮,对应的段选码为 00000110。

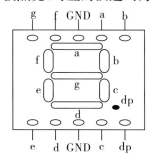

图 4-39　七段数码管引脚图

表 4-17 7 段数码管的段选码

显示字符	共阴极字形码	共阳极字形码	显示字符	共阴极字形码	共阳极字形码
0	3FH	C0H	C	39H	C6H
1	06H	F9H	d	5EH	A1H
2	5BH	A4H	E	79H	86H
3	4FH	B0H	F	71H	8EH
4	66H	99H	P	73H	8CH
5	6DH	92H	U	3EH	C1H
6	7DH	82H	T	31H	CEH
7	07H	F8H	y	6EH	91H
8	7FH	80H	H	76H	89H
9	6FH	90H	L	38H	C7H
A	77H	88H	"灭"	00H	FFH
b	7CH	83H	…	…	…

图 4-40 所示为两位数字译码显示电路,当输入 8421BCD 码时,第一个数码管显示的数字为 1～9,第二个数码管显示的数码范围是 0～9。

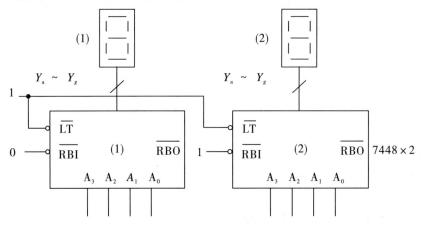

图 4-40 7448 驱动 7 段显示电路

除上述 7448 外,还有一款常用的七段字形译码器 CD4543,它具有数据锁存功能,引脚图如图 4-41 所示。其中 A、B、C、D 是地址输入端,a、b、c、d、e、f、g 是数据输出端,PH 是低电平有效的使能端,当 $PH=0$ 时芯片工作;LD 是高电平有效的输入允许端,$LD=0$ 禁止数据输入,$LD=1$ 允许数据输入;BI 是数据输出控制端,当 $BI=1$ 时,输出为无显示状态,当 $BI=0$、$LD=0$ 时,显示不会改变,当 $BI=0$、$LD=1$ 时,七段码显示输出根据 BCD 码输入而变,但 4543 只能输出 0～9;若 DCBA 分别为 0～9 的代码输入,则输出分别显示 0～9,若 DCBA 为 10～15

的代码输入则输出无显示,其功能表如表 4-18 所示。

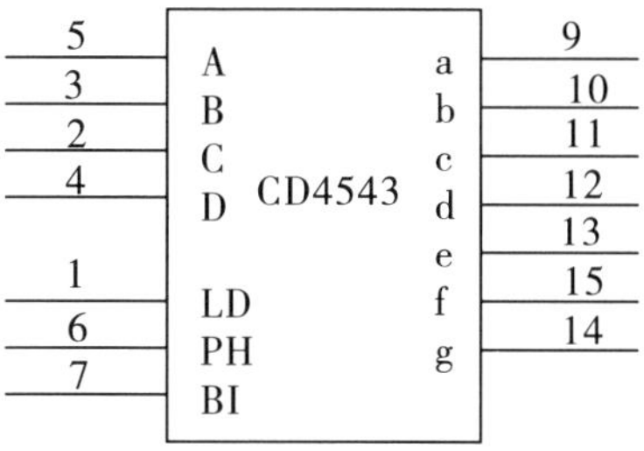

图 4-41 CD4543 引脚图

表 4-18 CD4543 的功能表

LD	BI	PH	D	C	B	A	a	b	c	d	e	f	g	显示
×	H	L	×	×	×	×	L	L	L	L	L	L	L	灭
H	L	L	L	L	L	L	H	H	H	H	H	H	L	0
H	L	L	L	L	L	H	L	H	H	L	L	L	L	1
H	L	L	L	L	H	L	H	H	L	H	H	L	H	2
H	L	L	L	L	H	H	H	H	H	H	L	L	H	3
H	L	L	L	H	L	L	L	H	H	L	L	H	H	4
H	L	L	L	H	L	H	H	L	H	H	L	H	H	5
H	L	L	L	H	H	L	L	L	H	H	H	H	H	6
H	L	L	L	H	H	H	H	H	H	L	L	L	L	7
H	L	L	H	L	L	L	H	H	H	H	H	H	H	8
H	L	L	H	L	L	H	H	H	H	H	L	H	H	9
H	L	L	H	L	H	×	×	×	×	×	×	×	灭
H	L	L	H	H	L	×	×	×	×	×	×	×	灭
H	L	L	H	H	H	×	×	×	×	×	×	×	灭
L	L	L	×	×	×	×	—	—	—	—	—	—	—	—

第 5 章 数字电路课程设计实例

数字电路系统的设计是在单元电路设计的基础上,将所设计的单元电路组合起来完成的。本章通过数字时钟、数字频率计和智力竞赛抢答器电路的设计实例,对数字电子电路的设计进行讨论,系统地介绍数字电路系统的框架设计、元器件选择、仿真、制作与调试,最后列出供数字电子技术课程设计选用的设计课题。

5.1 数字电子电路的设计方法

5.1.1 数字电路系统的组成

所谓数字电路系统,是指由若干数字电路及逻辑部件组成,并能够进行采集、加工、运算和处理以及传送数字信号的设备。

一个完整的数字系统通常由输入电路、输出电路、控制电路、若干个子系统和时基电路等部分组成,如图 5-1 所示。各部具有相对的独立性,在控制电路的协调和指挥下完成各自的功能,其中控制电路是整个系统的核心。当然,并非每个数字电路系统都严格划分为五个组成部分。

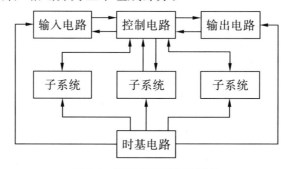

图 5-1 数字电路系统的组成

1. 输入电路

输入电路主要是将外部输入信号进行加工、处理变换成数字电路能接收的数字信号。外部信号通常可分成模拟信号和开关信号两大类,如声、光、电、温度、湿度、压力及位移等物理量属于模拟量;而开关的闭合与打开、管子的导通与截止、继电器的得电与失电等属于开关量。这些信号都必须通过输入电路转换成数字电路能够直接处理的二进制逻辑电平。

2. 输出电路

输出电路的主要作用是将数据处理结果加工、变换成符合输出负载要求的输出信号。有时在输出电路和执行机构之间还需要设置功放电路，以提供负载所需的电压和电流。

3. 子系统

子系统主要用于对二进制信息进行逻辑运算或算术运算，以及传输加工等。每个子系统完成一项相对独立的任务，因此，子系统通常为功能电路，如计数器、加法器、数据选择器等单元电路。

4. 控制电路

控制电路主要是对外部输入信号、各个子系统送来的信号进行综合，发出系统所需的各种控制信号，统一指挥输入电路、输出电路及各个子系统同步协调动作，它是整个数字系统的核心。

5. 时基电路

时基电路（波形发生器）主要是产生数字系统工作的同步时钟信号，使整个系统在时钟信号作用下完成各种操作。

5.1.2 数字系统的设计环节

不同的数字系统，其规模不尽相同。对于较小规模的数字系统，可以用真值表和状态表来描述其逻辑变量，即根据所需设计的数字系统的任务要求，用真值表、状态表求出最简的逻辑表达式，并画出逻辑图，最后用中、小规模的数字电路实现。对于较大规模的数字系统，理论上也可以用真值表和状态表来描述，但由于其输入变量、输出变量和状态变量的数目都较多，可以考虑用真值表、状态表、状态转换图、时序图等来详细描述其逻辑功能，再在此基础上进行电路系统设计。

一般来说，设计数字系统的步骤大致分为以下几步：

(1) 分析系统设计要求，明确系统功能。首先要理解和掌握该设计的依据，明确设计要求，确定所需设计系统的逻辑功能。

(2) 明确所设计系统的总体设计方案。在明确系统功能之后，应考虑如何实现这些逻辑功能，用哪种电路去实现，即明确总体设计方案，对于同一种逻辑功能，可以有不同的实现方法和电路。

(3) 单元电路设计和参数设计。单元电路一般可归结为组合逻辑电路和时序逻辑电路两大部分，选择合适的单元电路，并对电路元器件的参数进行计算和选择。

(4) 画出设计电路图及完成仿真调试。将各个单元电路连接组成数字系统，并绘制出总体系统电路图。画数字系统设计电路图时，应注意布局合理，通常根据信号流向来画。信号流向采用左入右出或下入上出的要求来布置各部分电路。可以用 Altium Designer 等软件绘制电路图，电路图设计完毕后可以在 Proteus 或者 Multisim 等相关软件中完成仿真调试，尤其需要注意信号时序的调试，仿真调试过程及方法详见本书第 7 章。

(5) 选择元器件进行电路搭建系统仿真调试完毕后，可以选择元器件再进行电路搭建，可以首先对各单元电路分别进行测试，然后将各单元电路连接在一起，再进行总体电路焊接调试。电路验证往往与故障检查、调试结合在一起，若有设计错误，电路调试将不会通过，这时就要修改设计方案或更换元器件的参数。

(6) 撰写数字系统设计总结报告。在设计人员完成了数字系统的设计、安装、调试任务后，还必须对设计、安装、调试过程中的收获、体会进行认真总结，这部分的内容具体要求可参见本书第 1 章。

5.2 数字时钟的设计

5.2.1 设计任务

数字时钟是一种利用时序逻辑电路和组合逻辑电路实现的时、分、秒计时的电子装置，与机械式时钟相比具有更高的准确性和直观性。设计要求采用中、小规模集成芯片设计制作一个数字时钟。其基本设计要求如下：

(1) 完整的显示时、分、秒。24 时制，采用 6 个 LED 共阳数码管显示。

(2) 具有校时功能，可以分别对时及分进行单独校时，使其校正到标准时间。

(3) 计时过程中具有报时功能，当时间到达任何整点前 5 秒时发出灯光信号报时。

(4) 标准秒脉冲可采用 32768 Hz 晶振分频获得。

5.2.2 设计方案分析

根据设计任务要求，数字时钟可由秒信号发生器、计数器、译码显示电路、整点报时电路和校时电路等几个部分组成，如图 5-2 所示。

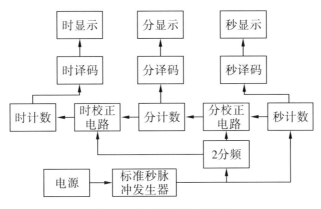

图 5-2 数字时钟组成框图

考虑时间精度的要求,秒信号产生器可以由石英晶体振荡器和分频器来完成。计时部分可以用 60 进制计数器对秒脉冲计数,进而产生分脉冲,再用另一个 60 进制计数器对分脉冲计数产生时脉冲,再由一个二十四进制的计数器计数得出天脉冲,可以实现一天 24 小时计数。显示电路由译码器和数码管实现。校时电路分为秒校时、分校时和时校时,分别由开关控制,在做实际电路焊接调试时,为节省电路板空间和焊接工作量,秒校正电路可以不用设计,整个电路的原理框图如图 5-2 所示。

5.1.3 主要单元电路设计参考

1. 秒信号发生器

秒信号发生器是数字电子钟的关键部分,它的精度和稳定度决定了数字时钟的质量。石英晶体振荡器的特点是振荡频率准确、电路结构简单,其在正常环境温度下频率精度可达 10^{-6}。

本设计采用逻辑门的石英晶体振荡电路,经整形、分频获得 1 Hz 的秒脉冲信号,如图 5-3 所示。其中 4060 是 14 级二进制串行计数器,Q_{14} 输出的是十四级二分频后的脉冲,再输入到集成计数器 4518 中的使能端 EN,可实现二分频,芯片 4518 的 Q_1 引脚输出的是 1 Hz 的脉冲。

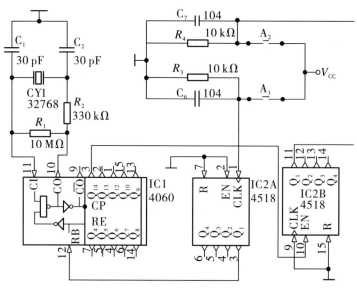

图 5-3 晶体振荡器分频电路

2. 秒、分、时计数器

秒、分计数器为六十进制计数器,小时计数器为二十四进制计数器。实现这两种进制的计数器可以采用中规模集成计数器 4518。4518 有清零端,所以通过"反馈清零法"可以很容易地实现任意进制计数器,计数器再经过译码器译码就可在数码管上显示时间。

六十进制的分、秒计数器是由一片双十进制计数器 4518 构成,它们的电路结构是相同的。4518 的计数输入可以用 CLK 输入的上升沿触发,也可用 EN 输入的下降沿触发,这里采用的 4518 是用 EN 输入的下降沿触发。当清零端 R 为低电平时,计数器对输入脉冲进行计数。一片 4518 组成秒计数器的个位和十位数。当个位输入第十个脉冲时,向十位产生进位脉冲,Q_4 输出负跃变。因此,应将 Q_4 端接到十位计数器的 EN 端。对于六十进制的秒计数器,当输入第 60 个脉冲的上升沿到来时,向分计数器进位,同时秒脉冲计数器清零,重新开始计数,连接方法如图 5-4 所示。因此,第 60 个脉冲上升沿到来时,个位计数器的状态为"$Q_4Q_3Q_2Q_1=0000$",十位计数器的状态为"$Q_4Q_3Q_2Q_1=0110$",这时,十位 Q_3、Q_2 上的信号同时送到个位和十位计数器的清零端 R,使计数器清零,并向分计数器进位。

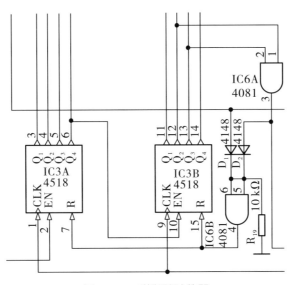

图 5-4　60 进制秒计数器

分计数器的电路和秒计数器的电路是相同的,而时计数器则需要设计成二十四进制计数器,因整体电路图较大,所以在整体电路图设计中没有包括时计数器的电路,但在图 5-5 中设计了二十四进制计数器的逻辑电路图。在实际设计时计数器时,当个位计数状态为"$Q_4Q_3Q_2Q_1=0100$"、十位计数器状态为"$Q_4Q_3Q_2Q_1=0010$"时,要求计数器清零。通过把个位 Q_3、十位 Q_2 与运算后的信号送到个位、十位计数器的清零端,使计数器清零并重新开始计数,从而构成二十四进制计数器,4518(A)的 CLK 端接的是前级分计数器的进位输出。

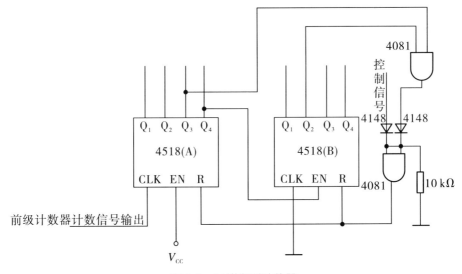

图 5-5　24 进制时计数器

3. 译码显示电路

如图 5-6 所示,4543 译码器为 BCD 码转七段的译码器,输入端 ABCD 输入 8421BCD 码,输出端为 a～g,高电平有效,可直接驱动共阴 LED 数码管显示器,如果 4543 输入端 ABCD 输入 1010～1111 时，a～g 都输出低电平，不显示数字。4543 接计数器 4518 的输出作为显示输入，当计数脉冲到来时，计数状态发生变化，译码器即可将计数器输出信号译成七段数码输出，由数码管实时显示数据。

5.2.3 调试要点

（1）用示波器观察晶体振荡器分频后获得的秒脉冲信号。

（2）计数器的清零控制端接高电平，看数码管显示是否为零。

（3）计数器的清零端接低电平，打开校准电路的开关 S_1、S_2、S_3，看数码管显示的数字是否都是对秒脉冲进行计数。

（4）计数器的清零端接地，断开校准电路和计数器的连接，把秒脉冲直接加到秒计数器的输入端，看秒计数器和分计数器是否为 60 进制计数，时计数器是否为 24 进制计数。

（5）电路重新连好，计数器清零端接地，调试整个电路，直到时钟能够准确计时、校准。

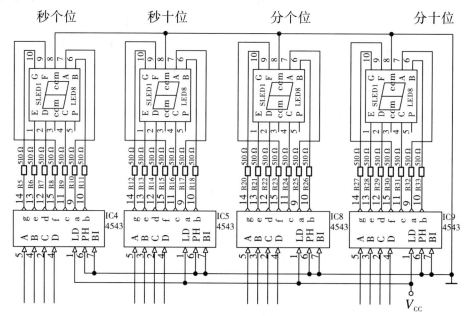

图 5-6　译码显示电路

5.3 数字频率计的设计

5.3.1 设计任务

数字频率计是用来测量正弦信号、矩形信号等波形工作频率的仪器,其测量结果直接用十进制数字显示。要求采用中、小规模集成芯片设计制作一个数字频率测量仪,其基本设计参数如下:

(1)被测信号的频率范围为 0.001~10 kHz,分成 2 个频段,即 1~999 Hz,1~10 kHz,可以用 5 位共阴极数码管显示测量数据。

(2)具有自校和测量两种功能,可用仪器内部的标准脉冲校准测量精度。

(3)测量误差小于 5%,多谐振荡器可采用晶振电路。

(4)电路可具有超量程报警功能,在超出目前量程档的测量范围时,发出灯光信号报警。

5.3.2 设计方案分析

(1)频率的概念是单位时间里的变化次数,对应于数字电路可以变通的认为是单位时间的脉冲个数。可以采用一个计数器计入一个时间 T 的脉冲个数。那么这个计数器计的数据除以 T 即是频率,例如 T=1 s,计数器计的二进制数经译码显示的值就是计数时刻的频率。

当然频率计要求能够实时显示输入信号的频率。这样就必须要第一个 T 计数完紧接着第二次、第三次,一直下去。为了保证计数器每次计数都是从零开始,在下一次计数前还要对计数器清零。考虑计数时计数器值在不停变化,如果对计数值直接译码显示,显示的值不停变化,根本看不清楚,所以可以考虑在当前计数期间内,译码器显示的是上次计数的最终值。基于这个思路,可以考虑在计数器的输出和译码器的输入间串接一个锁存器,锁存上次计数的最终值,这个锁存器的锁存控制时序要和计数周期同步。这个 T 称为计数闸门时间(简称闸门),这样按图 5-7 的时序即可(按高电平有效)。

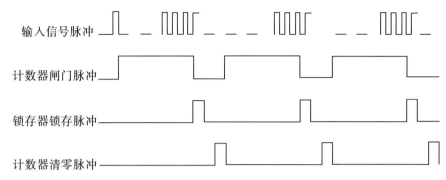

图 5-7　计数法测量频率示意图

从上述理论不难看出 T 越大显示更新越慢,但计数的数值多且精度越高,当然显示的位数也多,硬件电路也庞大。如果 T 不是 1 s,则要修改显示数值的比例,一般都按 10^{-N} 选择 T,这样在修改显示比例时,只要在显示器上加个小数点,然后改变小数点位置。

(2)按设计要求,可以采用 T 为 1 s、0.1 s、0.01 s、0.001 s 等这几种闸门时间,作为该频率计量程分档。闸门时间可采用多谐振荡器产生,经多级十进制分频后,分别得到 1 s、0.1 s、0.01 s、0.001 s 等多种定时信号。

(3)从图 5-7 可以看出,锁存和清零信号皆是闸门信号的延迟,所以这两个信号用单稳态电路来实现。

(4)考虑被测信号一般是模拟信号,且幅度不确定,所以还要对输入的模拟信号进行放大整形成标准数字脉冲。

综上分析,数字频率计的总体结构框图如图 5-8 所示。

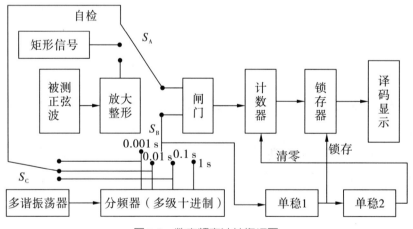

图 5-8　数字频率计结构框图

5.3.3　主要单元电路设计参考

1. 闸门脉冲信号电路

为了获得频率稳定的时钟脉冲,以减小测量误差,秒脉冲电路可以采用石英晶体振荡器。标准的时钟标准信号可由对 32768 Hz 的石英晶体构成的振荡器电路进行分频获得,如图 5-9 所示,在 IC3A 芯片十进制计数器 4518 的输出端输出标准的脉冲信号。

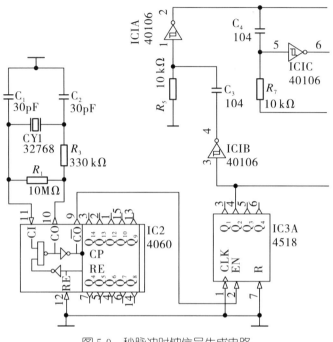

图 5-9 秒脉冲时钟信号生成电路

2. 波形输入及放大整形电路

为了扩大测量信号的幅度范围,被测信号可以经过放大电路。如图 5-10 所示,可以通过由三极管组成的放大电路进行信号幅度的放大,放大后的信号还要经过整形,可以使用 40106 施密特触发器进行整形。

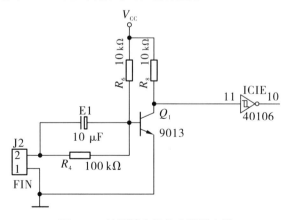

图 5-10 波形输入及放大整形电路

3. 信号测量控制电路

对于数字频率计门控信号即标准宽度的脉冲信号,这里选 1 s 宽脉冲信号,它使被测信号在 1 s 的时间里通过主控门送入计数器进行计数,即可测得被测信号的频率。1 s 宽的正脉冲信号可由 32768 晶振电路加 4518 分频得到,由 4518 的 Q_2 端输出,电路如图 5-11 所示。4518 是二、十进制(8421 编码)同步加计数器,内含两个单元的加计数器,每个单元有 2 个时钟输入端 CLK 和 EN,可用时钟脉冲的上升沿或下降沿触发。若用 EN 信号下降沿触发,触发信号由 EN 端输入,CLK 端置"0",若用 CLK 信号上升沿触发,触发信号由 CLK 端输入,EN 端置"1"。R 端是清零端,R 端置"1"时,计数器各端的输出端 $Q_1 \sim Q_4$ 均为"0",只有 R 端置"0"时,4518 才开始计数。IC3A 芯片 4518 的 Q_2 的输出信号通过 40106 施密特触发器整形后,可作为 IC3B 芯片 4518 的 EN 输入控制端,测量信号则接在 IC3B 芯片 4518 的 CLK 输入端,IC3B 芯片 4518 的清零端 R 则由 IC3A 芯片 4518 的 Q_2 输出端通过施密特触发器 40106 整形输出,当其信号为 1 时,则停止对测量信号的计数。

CD4518 采用并行进位方式,只要输入一个时钟脉冲,计数单元 Q_1 翻转一次;当 $Q_1=1$、$Q_4=0$ 时,每输入一个时钟脉冲,计数单元 Q_2 翻转一次;当 $Q_1=Q_2=1$ 时,每输入一个时钟脉冲,Q_3 翻转一次;当 $Q_1=Q_2=Q_3=1$ 或 $Q_1=Q_4=1$ 时,每输入一个时钟脉冲 Q_4 翻转一次。这样从初始状态("0"态)开始计数,每输入 10 个时钟脉冲,计数单元便自动恢复到"0"态。若将第一个加计数器的输出端 Q_4 作为第二个加计数器的输入端 EN 的时钟脉冲信号,便可组成两位 8421 编码计数器,依次下去可以进行多位串行计数。

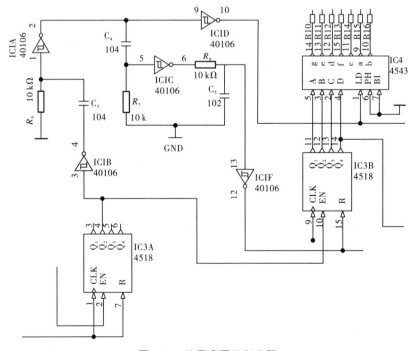

图 5-11　信号测量控制电路

4. 计数器和显示器

计数器的作用是将输出的被测脉冲进行累加计数并在数码管上显示出来。电路如图 5-12 所示,为了实现对 1~10 kHz 的脉冲进行测量,需要用五位十进制数码显示,计数器采用五级十进制加法计数器,分别代表十进制数的个位、十位、百位、千位和万位。具体电路由三片十进制 BCD 计数器 4518 实现,如图 5-13 所示。CLK 为加法计数输入端,当有脉冲输入时,计数器作加法计数;$R=1$ 时,计数器清零,显示 0;当 $R=0$ 时,计数器工作。当 4518 芯片的 $Q_1=Q_4=1$ 时,再输入一个时钟脉冲,Q_4 就翻转,芯片 IC5 和 IC8 的 4518 都用前一级的 Q_4 信号下降沿触发,触发信号由 EN 端输入,CLK 端置"0"。芯片 4543 为译码器,将 4518 输出端十进制数据译成共阴极段码,可直接驱动共阴极数码管显示数据。

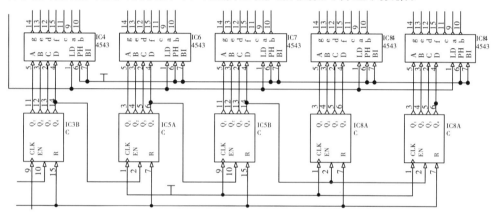

图 5-12 计数器和显示器

5.3.4 调试要点

1. 时基信号的调试

用示波器观察石英晶体振荡器经 CD4518 分频输出的脉冲信号是否为标准的时基脉冲。

2. 放大整形电路的调试

将频率为 100 Hz、幅值为 0.5 V 的一正弦信号输入到放大整形电路中,用示波器观察输出的波形是否为对应的方波。

3. 计数器的调试

清零端接低电平,断开计数器和被测信号的连接,加入一个已知频率的信号,看数码管显示是否正确。

5.4 智力竞赛抢答器的设计

5.4.1 设计任务

设计一个 8 路竞赛抢答器,具体设计要求如下。

(1)设计制作一个可容纳 8 组参赛的数字式抢答器,每组设置一个抢答按钮供抢答者使用。

(2)参赛者按抢答开关,则该组指示灯亮并用组别显示电路显示出抢答者的组别,并发出音响提醒信号。同时电路应具备自锁功能,使别组的抢答开关不起作用。

(3)抢答时间限制为 30 s(可以修改),若超时仍然没有代表队抢答,系统发出音响提醒信号,并将抢答电路锁定。抢答时间采用倒计时,由数码管显示。

(4)节目主持人有一个控制开关,控制比赛的开始与中止、关闭音响提醒信号、解除对抢答器的锁定、使系统初始化等。

(5)可以单独设置记分电路,每组在开始时预置成 0 分,抢答后由主持人记分,答对一次加 10 分,否则减 10 分。

5.4.2 设计方案分析

多路竞赛抢答器是竞赛问答中的一种常用的必备装置,根据系统功能及技术要求,要完成以上逻辑功能的数字逻辑控制系统,至少应包括以下几个部分:抢答判别部分、显示部分、时序控制部分、定时部分和报警部分、主持人控制部分。各部分功能如下:

(1)抢答判别部分。及时分辨出抢答者的编号,并进行锁存,然后由译码显示电路显示组别编号。

(2)显示部分。一方面要显示优先抢答者的编号,另一方面要进行计时显示。

(3)信号发生部分。秒信号发生器用于产生倒计时器所需要的标准秒脉冲信号。

(4)定时部分。定时部分由主持人设定,并进行倒计时。当选手将问题回答完毕,主持人操作控制开关,使系统恢复到禁止工作状态,以便进行下一轮抢答。

(5)报警部分:报警部分使扬声器发出短暂声响,提醒主持人注意。

(6)时序控制部分:要对输入编码电路进行封锁,避免其他选手再次进行抢答;要控制报警电路,控制扬声器何时发出声响;控制电路要使定时器停止工作,时间显示器上显示剩余抢答时间,并保持到主持人将系统清零为止。

(7)主持人控制部分。接收主持人按键发出的控制信号、倒计时结束信号、有人抢答信号;控制倒计时电路的启动、停止与初始化,使锁存器解除锁定,控制音响提醒电路的工作。

综上分析,多路竞赛抢答器的总体框图如图 5-13 所示。

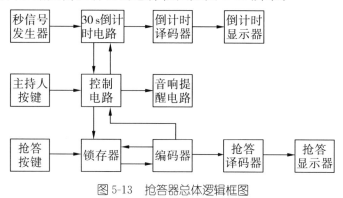

图 5-13 抢答器总体逻辑框图

5.4.3 主要单元电路设计参考

1. 秒脉冲信号发生器

秒脉冲产生的电路采用 555 定时器来实现。555 定时器是一种多用途集成电路,应用相当广泛,通常只需外接几个阻容元件就可以很方便的构成施密特触发器和多谐振荡器。由 555 定时器构成的秒脉冲产生电路如图 5-14 所示。在图 5-14 中,取 $R_{12}=100$ kΩ、$R_{13}=680$ kΩ、$C_4=1$ μF,可产生振荡周期为 1 s 的秒信号。

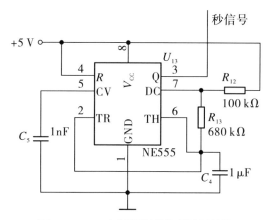

图 5-14 555 定时器构成的多谐振荡器

2. 抢答按键与锁存器

抢答按键与锁存器组成抢答电路,如图 5-15 所示。$B_0 \sim B_7$ 是 8 个按键,0~7 号参赛队分别使用 $B_0 \sim B_7$ 这 8 个按键。锁存器 U_1 选用 74LS373,74LS373 是 8D 型锁存器,$D_0 \sim D_7$ 是 8 个数据输入端。$Q_0 \sim Q_7$ 是数据输出端,与输入信号相同。

$\overline{OE}$是数据输出允许端,接低电平时允许数据输出。LE 是数据锁存端,当 $LE=1$ 时,允许数据输入;$LE=0$ 时,将输入的数据锁存并保持,不再允许信号输入。

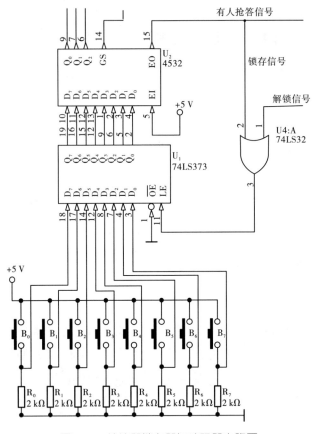

图 5-15 抢答器锁存器与编码器电路图

3. 优先编码器

优先编码器选用 CC4532,如图 5-15 所示。CC4532 是 8-3 线优先编码器。$D_0 \sim D_7$ 是数据输入端,输入高电平有效。$Q_0 \sim Q_2$ 是编码输出端。EI 是编码允许输入端,当 $EI=1$ 时,允许对输入信号编码并使输出有效。EO 端、GS 端都是与编码有效相关的输出信号,在 $D_0 \sim D_7$ 有 1 输入时,这两个端的输出发生变化。在 $EI=1$,且输入端全为 0 时,$EO=1$,$GS=0$;在 $EI=1$,且输入端有 1 输入时,$EO=0$,$GS=1$。

EO 作为有人抢答信号,无人抢答时,$D_0 \sim D_7$ 全为 0,$EO=1$,通过或门 U_4,使 U_1 的 LE 为 1,锁存器 U_1 允许信号输入。有人抢答时,$D_0 \sim D_7$ 有 1 输入,$EO=0$,通过或门 U_4,使 U_1 的 LE 为 0(此时解锁信号无效,为 0),将锁存器 U_1 锁定。

4. 译码器、显示器电路

译码器和显示器电路可用在抢答电路和倒计时电路中,用来显示组别和倒计时时间。抢答译码器将优先编码器输出的 BCD 码译码后送到 LED 数码管显示器,仿真电路如图 5-16 所示。抢答译码器由 74LS48 组成,其数据输入端 A、B、C 分别接 U_2 的 $Q_0 \sim Q_2$,输入端 D 接地,其输出使数码管显示数字 $0 \sim 7$。无人抢答时,U_2 的 GS 输出为 0,接到 U_3 的 $\overline{BI/RBO}$ 端,数码管不亮;有人抢答时,U_2 的 GS 输出为 1,接到 U_3 的 $\overline{BI/RBO}$,使数码管点亮,显示出抢答人的编号。倒计时电路的译码和显示电路原理和抢答器译码及显示电路原理相同。

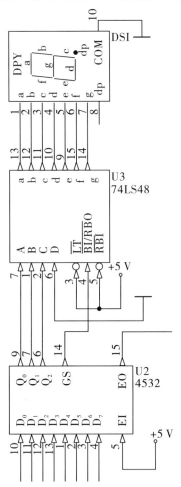

图 5-16　抢答译码器、显示器仿真电路

5. 倒计时电路

倒计时电路以倒计时 30 s 为例(其他时间可以用对计数器输入端和输出接线不同来设置),倒计时的功能是完成 30 s 倒计时并显示第一个抢答者按下按钮的时刻,30 s 倒计时电路由两片 74LS192 级联组成,如图 5-17 所示。74LS192 是双时钟同步可逆十进制计数器,其逻辑功能和用法可参考教材。U_5 的 CU 端接 1,使计数器不工作在加计数状态,CD 端接秒信号计数脉冲,可实现减法计数。$P_3 \sim P_0$ 是置数输入端,PL 是置数控制端,输入低电平时,将 $Q_3 \sim Q_0$ 置数为 $P_3 \sim P_0$ 的输入。由图 5-17 可知,个位计数器 $P_3 \sim P_0 = 0000$,十位计数 $P_3 \sim P_0 = 0011$,MR

是清零端,高电平有效。TCD 是借位输出端,级连时将 U_5 的 TCD 端接 U_6 的 CD 端,可实现低位向高位的借位。当计数器接收秒脉冲信号后开始计数,在 30 s 倒计数到 0 时,U_6 的 TCD 端送出一个低电平信号到控制电路的与非门,可使声音报警电路发出声音,并同时封锁秒信号脉冲,使 30 s 倒计时器停止工作。

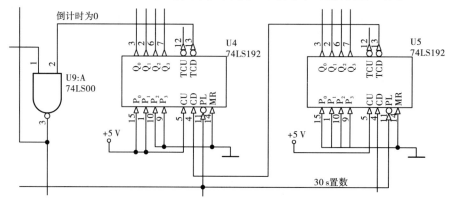

图 5-17　30 s 倒计时器电路

6. 声音报警电路

音响提醒电路由 U_{12} 等构成的多谐振荡器组成,如图 5-18 所示。由 555 定时器 U_{12} 等构成的多谐振荡器在工作时能够产生 1000 Hz 的音频信号,加到喇叭上发出声响,其满足如下公式

$$(R_{10}+2R_{11})C_3 f \approx 1.43$$

取 $f=1000$ Hz、$R_{11}=2.2$ kΩ、$C_3=0.1$ μF,经计算得 $R_{10}=9.9$ kΩ,取 $R_{10}=10$ kΩ。当 30 秒倒计时结束或者有人抢答时,与非门 74LS00 的 A 输出高电平到 U_{12} 的第 4 脚,使声音报警电路工作。

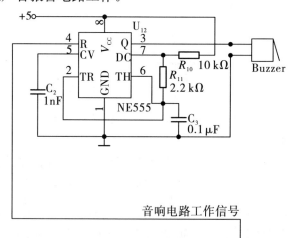

图 5-18　音响报警电路

7. 抢答器控制电路

抢答器的控制电路主要由各种门电路等组成,如图 5-19 所示。

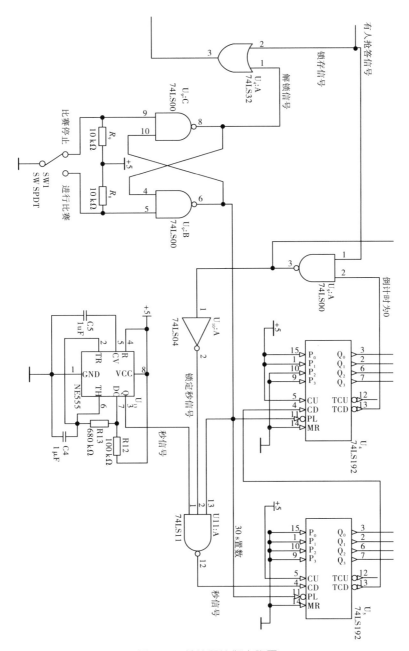

图 5-19 抢答器控制电路图

与门 74LS11 的 A 门用于控制秒脉冲信号的通过,也就是能控制 30 s 倒计时电路的工作。当 30 s 倒计时电路倒计时到 0 时,产生"倒计时为 0"的低电平信号。该信号通过与非门 74LS00 的 A 门变为高电平,使声音报警电路工作,再通过非门 74LS04 的 A 门变为低电平,控制与门 74LS11 的 A 门关门,使秒信号不能通过,30 s 倒计时电路停止倒计时。

当抢答按键有人按下时,电路中的编码器 4532 的 EO 输出端输出信号通过

74LS00 的 A 门变为高电平,使声音报警电路工作,同时关掉 74LS11 与门使秒信号不能加到 30 s 倒计时电路,停止倒计时。同时该信号还通过 74LS32 或门去锁定锁存器 74LS373,使其他选手抢答信号无法发出。

节目主持人的按键可以控制比赛停止和比赛开始,相应逻辑功能可自行分析。该电路在用 Multisim 软件仿真时,电路设计中的元件参数设置可以使用,仿真通过,仿真电路图见图 5-20,Multisim 软件仿真使用方法和步骤详见第 7 章。

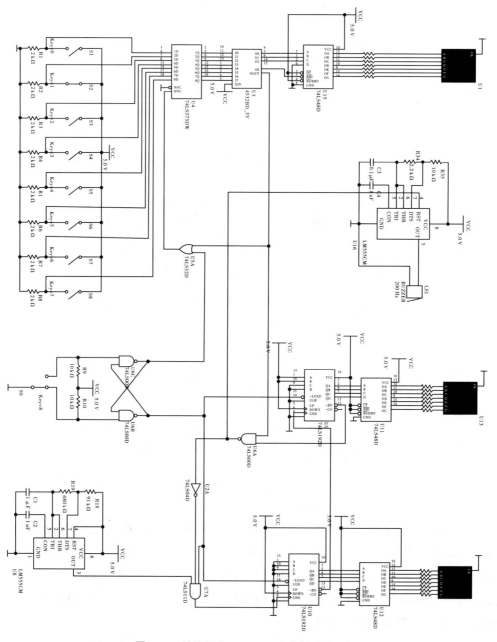

图 5-20 抢答器在 Multisim 中的仿真电路图

5.4.4 调试要点

(1) 可以根据上述所给参考单元电路进行电路整体设计,按照信号流向分级级联。

(2) 在仿真软件中对电路进行各部分仿真调试,检查控制开关是否正常工作,抢答按键按下应显示对应的数码,再按下其他键时,数码管显示的数值不变。

(3) 调试倒计时电路的时间显示是否准确,检查预置电路预置、显示是否正确。

(4) 检查倒计时结束或者抢答犯规时,声音报警电路是否正常工作。

5.5 数字电子电路课程设计题选

5.5.1 多功能数字时钟的设计

多功能数字时钟可以实现自动报警、按时自动打铃、定时开关等功能,具有很强的实用性。其设计要求如下:

(1) 设计成具有可选的 24 h(小时)或 12 h(小时)的计时方式,显示时、分、秒。

(2) 具有快速校准时、分、秒的功能;能设定起闹时刻,响闹时间为 30 s,超过 30 s 自动停止,具有人工止闹功能;止闹后不重新操作,将不再发生起闹。

(3) 具有整点报时功能或者定时启动功能。

(4) 计时准确度每天计时误差不超过 10 s;内部备用电源应能连续供电 30 天以上。

数字时钟的基本原理框图如图 5-21 所示,可以由石英晶体振荡器、分频器、计数器、译码器、显示器和校时电路组成,石英晶体振荡器产生的信号经过分频器作为秒脉冲,秒脉冲送入计数器计数,计数结果通过时、分、秒译码器显示时间。

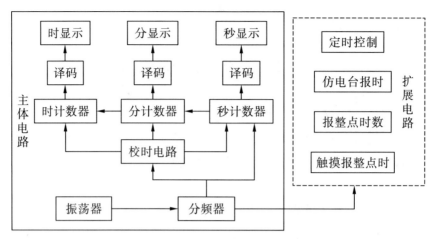

图 5-21 多功能数字时钟的基本原理框图

5.5.2 数字电压表的设计

数字电压表是一种直接用数字显示的电压测量仪表,本设计要求制作一个 $3\frac{1}{2}$ 位的数字电压表,所谓 $3\frac{1}{2}$ 位是能测量显示出十进制数 0000～1999,即个位、十位、百位的范围为 0～9,而千位为 0 和 1 两种状态,称为半位。具体的设计要求如下:

(1)可以用 MC14433 为 A/D 转换器设计制作一个数字电压表,用 3 位半表头或 4 位七段数码管显示测量结果。

(2)测量范围为 0～1.999 V,0～19.99 V,0～199.9 V。转换误差允许最低位有 ±1 个数字的跳动。

(3)用 1.99 V 和 199 mV 的模拟电压作输入电压,校准电压表的读数。

(4)测试线性误差用标准数字电压表监视输入信号,由 0～1.999 V 连续变化,读出相应的显示数据,其最大偏差为线性误差。

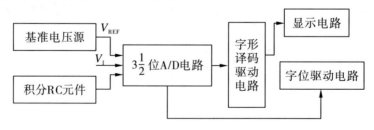

图 5-22 数字电压表原理框图

5.5.3 红外线数字转速表的设计

红外线数字转速表是一种代替机械转速表,用来测量转动速率的计量仪表。具体的设计要求如下:

(1) 设计 4 位数字显示红外线转速表。转速表探头用红外线发光管。测速范围为 0000~9999 r/min,实现近距离测量。

(2) 发射的红外线用一定的频率脉冲调制,接收的调制脉冲通过解调电路得到被测转动体转速脉冲。

(3) 红外线转速表电路原理框图如图 5-23 所示。为了使红外线转速表不怕可见光干扰,系统可以设置振荡器和波形变换电路,使发射的红外线通过脉冲功率放大和调制。当受光管收到脉冲信号后,电路把调制发光管的脉冲信号和被受光管接收到的脉冲信号选通出来,对收到的光电信号,必须"卸调"调制脉冲,即实行解调,从中取得真正需要的转速脉冲输出信号,解调后的输出信号送入计数控制门计数。

(4) 秒脉冲电路可以得到 1 Hz 的秒脉冲信号,通过 1 s 脉宽电路得到闸门时间(脉宽)为 1 s 的闸门信号,该 1 s 的脉宽就是转速表的取样时间,是计数控制门的输入信号。

(5) 为了在测量过程中,只让显示数字在每次测量结束后自动改变一次数据,要对计数显示"锁存",所以电路需要一个延时 1 锁存信号。在计数器每测量一次转速后,使计数器自动清零,故设置延时 2 电路,以提供延时清零脉冲。

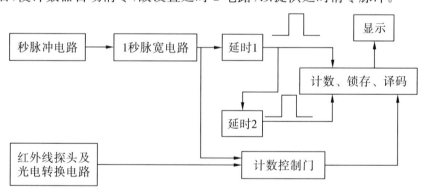

图 5-23 红外线转速表电路原理框图

5.5.4 车速数字监测、超限报警装置的设计

车速检测、超限自动报警装置的控制系统包括车速上限设定、车速检测、信号放大与整形、车速脉冲计数、车速数值 LED 显示、超限声光报警和驱动制动装置等几部分。一般要求车速实时测量误差小于 0.1 m/s,车速用 3 位 LED 数字直观显示,车速超过 2.5 m/s 时,声、光报警且驱动刹车机构动作,设计过程如下。

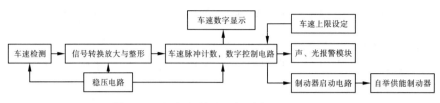

图 5-24　车速监测、超限报警装置原理框图

(1) 车速检测传感器可以放在车轮轮缘的外侧,标准的车轮直径 $\varnothing=0.28$ m,所以车轮转一圈车子前进 0.88 m,按 40°圆心角分布,在轮缘上安装 9 颗铁质螺钉,若在 1 s 内,当相应控制接收到 N 个电脉冲,则对应车的速度 $V=0.88N/9$ (m/s)。按最高车速 2.5 m/s 设置,考虑计数的 ±1 误差,则 $N_{max}=25.5+1\approx26$(个脉冲)。

(2) 车速检测信号的输入、放大与整形电路可以整形车速脉冲信号,使其成为近似方波的信号,将车速信号送到计数器的脉冲信号端进行计数,然后由数码管显示其计数。

(3) 车速数字测量原理:由晶振电路产生脉冲并经分频电路分频产生 2 Hz 的脉冲,再由芯片合并为 1 s 宽的标准脉冲作为闸门信号,各开关 1 s,控制计数器计算单位时间内的脉冲数并显示。

(4) 当车速上限超过设定的 2.5 m/s,可以使控制电路导通,相应继电器得电,可以启动光、电报警电路与制动器工作,直到车速数据下降到设定值以下。

5.5.5　数字式波形发生器的设计

(1) 设计并制作出能产生正弦波、方波(脉冲波)和三角波(锯齿波)的波形发生器,波形发生器也可以考虑用专用芯片实现,也可以用 EPROM 芯片实现;频率可调的波形发生器的原理框图如图 5-25 所示。

(2) 图中的脉冲信号发生电路产生方波,作为 256 进制计数器的计数触发脉冲 CP;脉冲信号发生电路可由石英晶体振荡器电路或 555 定时器构成,256 进制计数器的输出则作为 EPROM2732 低 8 位地址 $A_7\sim A_0$;每种波形的量化数据用 EPROM2732 的 256 个单元存放。

(3) $2\sim 4$ 译码器选择 $A_8\sim A_{11}$ 中任一地址电平为 1,即可选择波形种类;EPROM2732 中的波形量化数据通过 D/A 转换器转换成模拟信号(波形)输出;脉冲信号发生电路产生的脉冲使 256 进制计数器反复计数,则可产生连续波形,通过调节脉冲信号发生电路的频率,即可调节输出波形的频率。

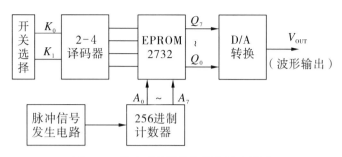

图 5-25　数字式波形发生器的原理框图

5.5.6　数字温度计的设计

测温是人民生产和生活中的一项基本工作,在许多情况下都需要测定当时的环境温度,使用的温度测量器具的种类也很多。本设计要求被测温度范围为 0~200 ℃,用 $3\frac{1}{2}$ 数字表头直接显示温度值,即能直接读出 0~199.9 ℃,也可采用 4 位数码管进行显示。数字温度计原理框图如图 5-26 所示。

(1)温度是一种典型的模拟信号,用数字电路进行检测就必须将这一非电量先变化出电量(电压或电流),然后将模拟信号经 A/D 电路变换成数字信号,经译码显示而得到对应的数字。

(2)实现位数字输出的 A/D 电路 MC14433,如前所述这种芯片的输入模拟量为 0~2 V,因而要将来自传感器的 0~400 mV 的低压信号进行放大。如果采用 CC7107A/D 转换器组成数字电压表,则被测电压 u_{IN} 与参考电压 V_{REF} 之间满足下式。

$$输出读数 = \frac{u_{IN}}{V_{REF}} \times 2000$$

利用 u_{IN} 和 V_{REF} 之间的比例关系,调节 V_{REF} 可以使满刻度时的输出数字和输入信号 u_{IN} 对应。

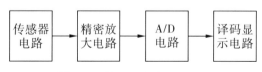

图 5-26　数字温度计原理框图

第6章 综合电子电路设计实例

综合电子电路的设计是在设计中综合运用模拟电路和数字电路的设计方法,完成较为复杂的电路系统的设计。本章主要介绍宽范围连续可调直流稳压电源、交通信号灯控制器等设计性课题,给出了较为详细的设计参考方案,在后面的综合设计题选中还给出了近两届大学生电子设计大赛题目的设计方案,学生可根据自己的实际情况,完成相应题目的设计、安装、调试等整个设计过程,为培养学生的综合应用能力、创新意识和提高学生的综合素质奠定基础。

6.1 宽范围连续可调直流稳压电源

6.1.1 设计任务与指标

在很多应用场合中,需要理想可调电压源,本设计要求设计一个-36~+36 V连续可调直流理想电压源,并且要求电源有保护功能和较高的工作效率。本设计要求以市电 220 V/50 Hz 输入和-36~+36 V 连续可调电压输出,最大输出电流3 A。

6.1.2 设计思路

符合上述要求的电源电路的设计方法有很多种,下面介绍两种较易实现的方案。

(1)采用集成稳压器电路。如图 6-1 所示,例如 TDA2030 可以看作是一款低频运算放大器,其内部具有完善的过流、过温保护,也具有很大的电源范围和较高的工作电流,如果设计成稳压电源可以达到图示的参数。该电路所用器件较少,成本低且组装方便、可靠性高,但是,较高功率集成稳压电源的选型较为困难,同时集成器件的一般功能都比较特定,使用灵活性较差。所以本例没有选择该方案。

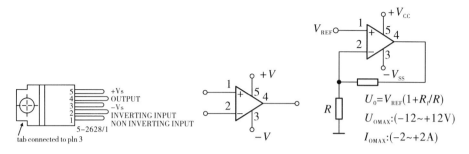

（a）TDA2030的引脚图　　（b）TDA2030的符号图　　（c）TDA2030的电路
　　　　　　　　　　　　　　　　　　　　　　　　　　　示意符号图

图 6-1　集成式电路

（2）集成器件和分立元件混合电路。按照设计要求，可以参照由运算放大器做的恒压源电路，如图 6-2 所示。该电路中输出电压 $U_O = V_{REF}(1+\dfrac{R_f}{R})$，其中 V_{REF} 可以在正负范围调整，调整 V_{REF} 即可得到正负可调的输出电压。但该电压只是运放的输出，所以存在两个问题：一是输出电流不够，二是输出电压不够。

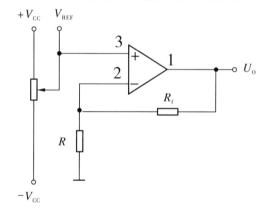

图 6-2　恒压源电源电路

基于问题一，考虑加上一级互补对称电流放大电路（也称为电流调整）做正负电压调整，问题二则可以加一级电压放大电路，综合起来的电路结构如图 6-3 所示。

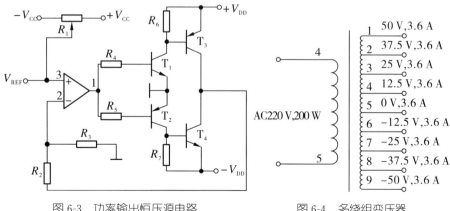

图 6-3　功率输出恒压源电路　　　　　图 6-4　多绕组变压器

对于线性稳压电源的效率很难做高,尤其是可调电源,其主要损耗是在输出的调整管上。在图 6-3 中,主要是 T_3(或 T_4)的功耗,其 P_{T3} 值可以按下式计算,其中 I_O 为输出电流。

$$P_{T3}=I_{CT3}(V_{DD}-U_O)=I_O(V_{DD}-U_O) \tag{6-1}$$

为了保证有最大的可调输出电压,V_{DD} 都是按最大输出电压加管子最大饱和压降计算的。在不变的情况下,U_O 越小损耗越大,从式中也可以看出只有减小 $V_{DD}-U_O$ 才可以降低损耗,所以本例考虑用几种不同电压的 V_{DD},在 U_O 减小时减小 V_{DD},反之亦然。

为了实现多种 V_{DD},本设计考虑使用多绕组变压器,变压器的输出电压用继电器伴随输出切换,从而尽可能降低功耗,如图 6-4 所示。

6.1.3 整体框架

综合以上设计思路,本设计做出如下的设计结构:市电经变压器输出多路所需的交流电压,在经继电器切换输出合适的交流电,通过整流滤波得到所需的稳压主电路的供电电压 V_{DD},V_{DD} 电源经过比较放大、电压放大和电流调整、反馈电路,再配合电压基准组成稳压环节。电压基准决定了输出电压,因此,可以通过对电压基准的判断来控制继电器的工作逻辑。

架构中的过流保护是通过电流取样电路得到输出电流,再通过过流比较单元与设定参数得出是否有过流状态。考虑各电路需要稳定的直流电压源,本设计拟定用辅助电源为除功率输出所需的 V_{DD} 电源外的所有模拟和数字逻辑电路供电。

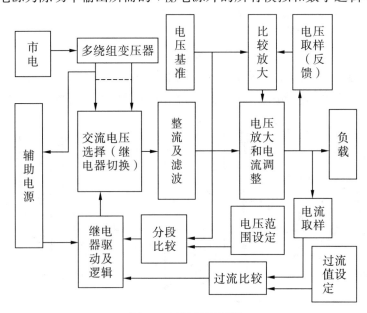

图 6-5 系统总体架构

6.1.4 各单元电路设计

1. 变压器参数设计

(1) 最高工作电压。

由于设计要求输出稳定电压最大值是 36 V,再考虑输出管压降,所以直流供电最小电压应选 37.5 V,这样交流最小电压是 $\frac{37.5}{0.9}=41.7$ V,市电可能有±20%的变动,所以额定交流电压是 41.7×1.2=50 V。

(2) 电压分段数。

至于电压分段数,理论上分的越多效率越高,但电路越复杂,成本也越高。本例没有限定效率多少,为方便理解,选择四段,这样每段电压是 12.5 V。变压器选择有四组的带中心抽头的变压器。

(3) 变压器功率。

考虑系统输出的最大电流是 3 A,再留 20%的裕量,所以变压器最大输出电流可选 3.6 A 以上。因此变压器的功率是 50 V×3.6 A≈200 W,变压器如图 6-4 所示。

2. 切换电路的继电器选择

由于要正负两绕组同时切换,所以可选双刀单掷的小型继电器,触点耐压选择两倍以上的最大交流电压(即 2×50 V),触点电流大于 5 A,则选择型号为 HRM1H-S-DC05V 的继电器,其主要参数是触点 AC120V、5A 和线圈 5 V,0.4 W。

3. 整流及滤波电路

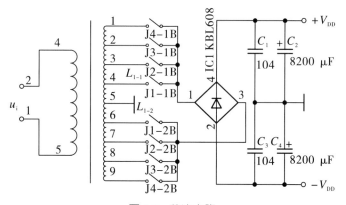

图 6-6 整流电路

为实现正负电源,电路采用了双全波整流电路,如图 6-6 所示,这样整流器为桥式结构,因此可选择集成单相整流桥,流过整流管的是工频半波,为额定输出电流的一半,线路最大工作电流可留裕量,所以整流器的额定最大正向平均电流可按下式计算。

$$I_{\text{D(AV)}} \geq \frac{1}{2} I_{\text{Omax}} \times \sqrt{2} \times 2 = 0.5 \times 3.6 \times \sqrt{2} \times 2 = 5 \text{ A} \tag{6-2}$$

全波整流电路中,每个整流管承压是交流电压峰值的 2 倍,实际电压再按两倍裕量选择,每个整流管耐压应该是 $U_{\text{RM}} \geq 2 U_{\text{AC}} \times \sqrt{2} \times 2 = 2 \times 50 \times \sqrt{2} \times 2 =$ 280 V。

综上计算,本例选择集成整流桥型号为 KBL608,最大整流电流值达到 10 A,承受最大反向电压为 800 V。对于滤波电路,由于整体电路功率不大,可选普通电容滤波电路,暂不考虑电容上的冲激电流浪涌问题。滤波电容的容量按 $R_L C \geq (3-5)\frac{T}{2}$,$R_L$ 是根据输出电流折算的最小电阻,可以认为是 12.5 V/3 A≈4 Ω,所以 C 取 8200 μF,并且并联一个 0.1 μF 的高频电容提高系统瞬态响应,整流滤波电路如图 6-6 所示。

4. 稳压环节设计

按系统架构,稳压环节包括电压放大、电流调整、比较放大、电压取样(反馈)、电压基准几个部分,稳压环节电路图 6-3 已给出,下面主要是参数设计。

其中 T_3、T_4 管为互补对称的电流放大管,输出为正压时,T_3 管线性输出电流,输出为负压时 T_4 管工作,其最大通过电流是 3 A,考虑裕量选择大于 $I_{\text{CM}} \geq (1.5 \sim 2) \times 3 = 5$ A 的管子。该电路中如果输出电压达到最大(36 V),T_3 管接近饱和,此时 T_4 管承受的电压 $U_O(-V_{\text{DD}})$ 近似为 $2V_{\text{DD}}$,同理输出为负最大 T_3 承压最高,考虑管子耐压电压裕量,取大于 $2 \times 2V_{\text{DD}} = 200$ V,计算最大管耗时考虑是分段供电,因此只要按 $P_{\text{CM}} \geq (2 \sim 5) \times 12.5 \times 3 = 60$ W 再考虑前级好推动,T_3 和 T_4 尽量选择电流增益大的管子,这样基极电流会很小。本例选择了 MJL4302A、MJL4282 对管,其最小 β 值大于 80,耐压 $U_{\text{CEO}} = 350$ V,$I_{\text{CM}} = 15$ A,$P_{\text{CM}} = 150$ W。

在图 6-3 中,T_1、R_6 配合 T_3,T_2、R_7 配合 T_4 组成正负电压放大电路,R_6、R_7 电阻是抑制温漂电阻,按最大漂移电流在其上压降不大于 0.5 V 即可 T_1 电路电压最小增益可按下式估算 $A_{\text{Umin}} = \frac{\beta_{\text{T1}} \beta_{\text{T2}} R_{\text{Lmin}}}{R_4 + r_{\text{be1}}} \geq 10$,考虑运放最大输出电压,该电路最好大于 10 倍,这样运放最大输出电压范围是 ±36/10 = ±3.6,T_1 管最大电压是 V_{DD},最大电流是 3/80 = 40 mA,最大功耗是 50 V×40 mA = 2 W。选择管子一样要放出裕量,T_1 和 T_2 是对管,所有参数基本一样,则分别选择了 TIP41C、TIP42C 对管,参数是 100 V、3 A、20 W、β=30。

综合以上的分析计算及选型,图 6-3 的电路的参数选型如图 6-7 所示,$A_{\text{Umin}} \approx \frac{\beta_{\text{T1}} \beta_{\text{T2}} R_{\text{Lmin}}}{R_4 + r_{\text{be1}}} \approx \frac{30 \times 80 \times 3.5}{350} \geq 20$,$I_{\text{BT1 max}} = 40$ mA/30 = 1.3 mA,R_4 取 100 Ω 左右。

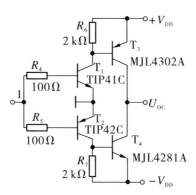

图 6-7 第二级放大电路和互补输出电路

选择运算放大器在考虑失调电压的同时,尽量选择输出电压和电流大点的器件。例如,本例要求输出电压范围 $U_{omax}/A_{Umin}=\pm 36/20=\pm 1.8$ V,最大电流是其后级的基极电流 1.3 mA。本例选择型号 LM124 的通用运放,使用 ±12 V 供电。

考虑输出纹波特性,输出端最好有输出滤波电容,一般根据负载时间常数以及稳压电路系统响应时间特性来选。本例的响应带宽由运放和后级晶体管特征频率共同确定,按器件手册参数,LM124 的电压上升速率只有 0.3 V/μS,10 kHz 开环增益 80 dB,估计约有 5 kHz 的带宽,响应时间约 0.2 ms。按照最大电流, $R_L \times C_{16}=(3\sim 5)0.2$ ms,则 C_{16} 取 470 μF,同样并联一个 0.1 μF 的高频电容。

在图 6-3 的反馈电路中,运算放大器 LM124 的反向输入端为调节电压,电压范围取 −5 V 至 +5 V,运算放大器的放大倍数,应该是 36/5=7.2。为进一步提高瞬态响应特性,在 R_2 上并联一个小加速电容,电容量按 $R_2C \geqslant 0.2$ ms 计算,综合以上计算得出的参数电路如图 6-8 所示。

为保证基准电压平稳性,可以在基准端加一个对地滤波电容以防止工频干扰,容量选择 $R_1 \times C_{13}$ 大于 2~4 倍工频半波周期,图中串入 R_8 是作输出电流取样用的。

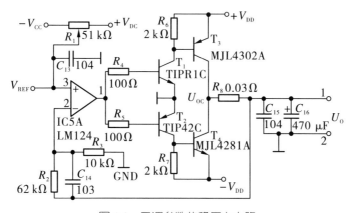

图 6-8 已调参数的稳压主电路

5. 保护电路和绕组切换电路

为了提高效率，稳压电源的供电 V_{DD} 分成 4 段，按 0－9－18－27－36 分段，也就是在输出为±0～9 V 时使用 12.5 V 交流供电，输出 9～18 V 时使用 25 V 交流供电，以此类推。在各个分段点，为了保证不出现继电器频繁切换，在各分段点加入滞环段点。例如，当输出从低向高调整时，输出电压大于 9.8 V 才切换到 25 V 绕组，而不是 9 V 就切换，此时如果向低调整到 8.2 V 才切换，这样就不会出现阀值点处乱跳转问题。

监视输出电压取自 V_{REF}，由于正负输出都要切换，所以加入绝对值电路，如图 6-9 所示，信号由 V_{REF} 输入，其输出 J_{REF} 是 V_{REF} 的绝对值。电容 C_{17} 做积分特性，起到低通滤波作用。引入绝对值电路为实现电路在输出电压为正负情况下，同时满足电路的切换和保护。电路中，R_{17}、R_{18}、R_{19}、R_{20}、R_{39} 全部相等。

当输入电压 V_{REF} 为负时，IC6A 输出电压为正，D_2 导通，且输入至后一级 IC6B 同相端，输出电压满足

$$\frac{U_7}{(1+\frac{R_{21}}{R_{39}+R_{18}})R_{19}}+\frac{U_7}{R_{21}+R_{18}+R_{39}}=-\frac{V_{REF}}{R_{17}} \tag{6-3}$$

当输入电压 V_{REF} 为正时，IC6A 输出电压为负，D_1 导通，输入至后一级 IC6B 反相端，IC6B 同相端输出电压满足：

$$U_7=-\frac{R_{18}}{R_{17}}V_{REF}\times-\frac{R_{21}}{R_{39}} \tag{6-4}$$

综合得出 IC6B 的输出电压 $U_7=|V_{REF}|$。

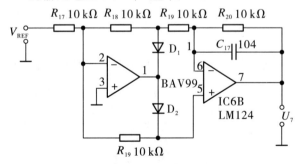

图 6-9 绝对值电路

分段电路如图 6-10，分段电路设计 V_{CC} 与电阻 R_{23}、R_{24}、R_{25}、R_{26} 组成参照电路，分别设置三个参考点，实现三个电路切换的参考点电压的设置。令四个电阻阻值都为 10 kΩ，则设置参考点电压为 $\frac{1}{4}V_{CC}$、$\frac{2}{4}V_{CC}$ 和 $\frac{3}{4}V_{CC}$，绝对值电路输出电压 U_7 经过 R_{21} 和 R_{22} 分压后所得电压 $\frac{3}{4}U_7$ 与各参考点电压比较。R_{31}、R_{32}、R_{33}、R_{34}、R_{35}、R_{36} 为三个滞环反馈环节，滞环电压大概是 $V_{CC}\times\frac{30}{500}=0.3$ V。

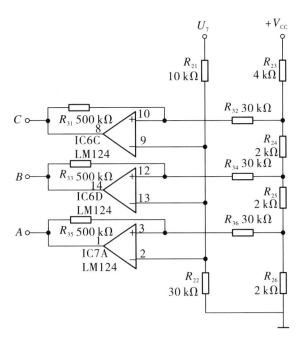

图 6-10 带滞环特性的分段比较电路

控制逻辑电路,当输出电压 U_O,则 $V_{REF}=U_O/7.2$。

当 V_{REF} 小于 1.25 V 时,74ALS138 的 C、B、A 端子的电平组合为 111,则继电器 JQ_1 工作。

当 V_{REF} 在 1.25~2.5 V 时,74ALS138 的 C、B、A 端子的电平组合为 110,则 JQ_2 继电器工作。

当 V_{REF} 在 5~3.75 V 时,74ALS138 的 C、B、A 端子的电平组合为 100,则继电器 JQ_3 工作。

当 V_{REF} 在 3.75 V 以上时,74ALS138 的 C、B、A 端子的电平组合为 000,则继电器 JQ_4 工作,从而实现继电器自动切换功能。

表 6-1 译码器 74ALS138 的真值表

使能端		控制端			输出			
E_2	E_3	A	B	C	Y_0	Y_4	Y_6	Y_7
0	0	0	0	0	1	0	0	0
		0	0	1	0	1	0	0
		0	1	1	0	0	1	0
		1	1	1	0	0	0	1
1	0	0	0	0	0	0	0	0
0	1	0	0	0	0	0	0	0

IC5C 和 IC5D 输出分别接到 74ALS138 的 E_2 和 E_3 使能控制端,当电路输出电流小于 3 A 时,E_2 和 E_3 均为低电平,74ALS138 按照正常译码器工作;当电路输

出电流大于 3 A 时，E_2 为高电平，74ALS138 输出都为低电平，经过反相器和 ULN2003 驱动继电器工作，从而保护电路。译码器 74ALS138 的真值表见表 6-1 所示，其控制逻辑电路见图 6-11。

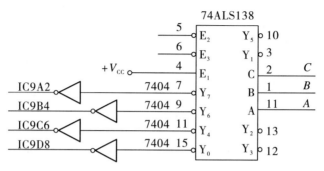

图 6-11　控制逻辑电路

对于继电器的驱动采用 ULN2003，其内部集成续流二极管。ULN2003 是高耐压、大电流达林顿陈列，由七个硅 NPN 达林顿管组成。该电路的特点如下：ULN2003 的每一对达林顿都串联一个 2.7 kΩ 的基极电阻，在 5 V 的工作电压下，它能与 TTL 和 CMOS 电路直接相连，可以直接处理原先需要标准逻辑缓冲器来处理的数据，具有电流增益高、工作电压高、温度范围宽、带负载能力强等特点，适应于各类要求高速大功率驱动的系统。

对于过流保护，可以在主电路的输出端串联一个电流取样电阻，通过比例减法放大电路，计算取样电阻压降，再监视该压降，如果超过阀值则断开交流供电。本设计直接通过使能译码器的方式，让所有继电器断开，电路如图 6-12 所示。

过流保护电路在主电路输出端采集 R_8 两端电压值，分别为 U_O 和 U_{OC}，当输出电流过大时(本设计为大于 3 A)，U_O 和 U_{OC} 电压差超过额定值 0.09 V。当采样的 U_O 和 U_{OC} 信号从集成运放 5、6 端输入时，令输出信号为 U'，有

$$\frac{R_{13}}{R_{13}+R_{14}}U_{OC}=\frac{U'R_{15}+U_O R_{16}}{R_{15}+R_{16}} \tag{6-5}$$

令 $R_{13}=R_{16}$，$R_{14}=R_{15}$，得：$U'=\frac{1}{R_{15}}(R_{13}U_{OC}-U_O R_{16})=\frac{R_{16}}{R_{15}}(U_{OC}-U_O)$，后一级电路分别由两个运放 LM124 组成窗口比较电路，由 $\frac{R_9}{R_9+R_{10}}V_{CC}$ 和 $-\frac{R_{11}}{R_{11}+R_{12}}V_{CC}$ 组成窗口比较器上下限。当 U' 大于 $\frac{R_9}{R_9+R_{10}}V_{CC}$ 时，则 8 端口输出高电平信号；当 U' 小于 $-\frac{R_{11}}{R_{11}+R_{12}}V_{CC}$ 时，则 14 端口输出高电平信号，分别将信号发送至 74ALS138 译码器 5、6 端口。考虑该减法器的输入共模电压可能远超过运放供电电压，所以加了 R_{28}、R_{27} 和 R_{30}、R_{29} 分压电路。

第 6 章 综合电子电路设计实例

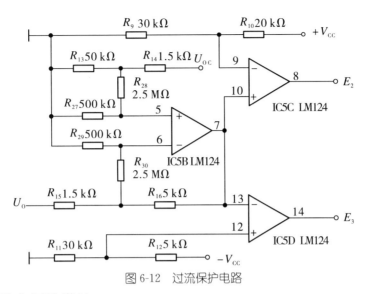

图 6-12 过流保护电路

6. 辅助电源的设计

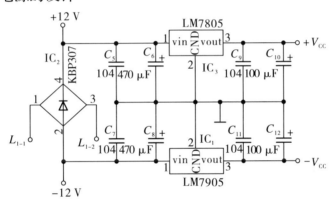

图 6-13 三端集成稳压电路

辅助电源的功耗较低，所以采用电子技术教材中举出的三端稳压电源电路，其交流输入直接取自变压器的最低绕组 L_{1-1} 和 L_{1-2}，整流出的约 ±12 V 为各运算放大器供电，±5 V 为电路提供电压基准，其中 $+5$ V 还给逻辑电路和继电器供电，相关参数计算参照前面整流滤波部分所述。

综上所述，保护电路和绕组切换电路的参数如图 6-14 所示。

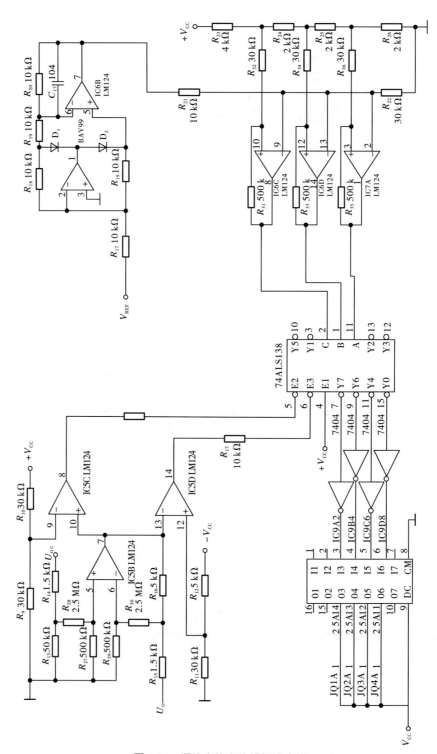

图 6-14 保护电路和绕组切换电路

6.1.5 整体电路图

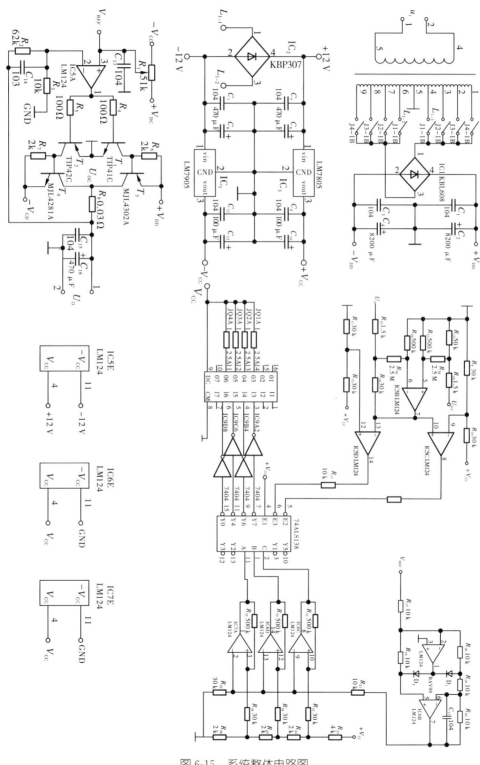

图 6-15 系统整体电路图

6.2 交通信号灯控制器的设计

6.2.1 设计指标及工作原理

为了使十字路口的车辆畅通,可以设计一个十字路口的红绿灯模拟控制电路,定时放行纵横向道路(用红、绿、黄三灯指示)。其中红灯亮禁止通行,黄灯亮表示停车,绿灯亮表示允许通行。其基本设计指标如下:

(1)在纵横向上各设一组红绿黄灯,显示顺序为一方向是绿黄红,另一方向是红绿黄。

(2)7段数码管以倒计时显示允许/禁止通行时间,满足如图 6-16 所示的顺序工作流程。

(3)标准秒脉冲采用 32768 Hz 晶振分频获得。

(4)纵向道路黄灯亮时,横向道路红灯以 1 Hz 的频率闪烁;横向道路黄灯亮时,纵向道路红灯以 1 Hz 的频率闪烁。

(5)纵、横向道路各信号灯亮时,需配合有时间提示,以数字显示出来,方便行人与机动车观察。纵、横向道路各信号灯亮的时间均以每秒减"1"的计数方式工作,直至减到"0"后,纵、横向道路各信号灯自动转换。

由图 6-16 所示的交通灯工作顺序流程图可以看出:纵、横向道路交替通行,纵向道路每次放行 24 s,横向道路每次放行 16 s;每次绿灯变红灯前,黄灯先亮 4 s,此时另一道路上的红灯不变。它们的工作方式,有些必须是同时进行的,纵向道路绿灯亮、横向道路红灯亮;纵向道路黄灯亮、横向道路红灯亮;纵向道路红灯亮、横向道路绿灯亮;纵向道路红灯亮、横向道路黄灯亮。

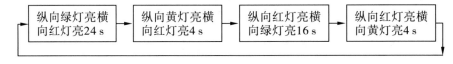

图 6-16 交通灯控制器工作顺序流程图

依据上述设计要求,可以画出如图 6-17 所示的交通灯控制器电路时序工作流程图。

图 6-17 中,t 表示时间(假设每个单位脉冲周期为 4 s),ZG 表示纵向道路绿灯,ZY 表示纵向道路黄灯,ZR 表示纵向道路红灯,HG 表示横向道路绿灯,HY 表示横向道路黄灯,HR 表示横向道路红灯。

第 6 章 综合电子电路设计实例

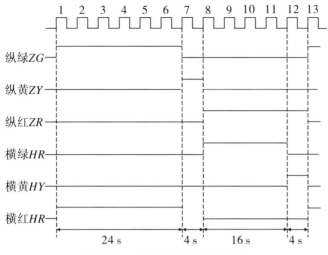

图 6-17 交通灯工作时序流程图

由图 6-17 可以看出,交通灯应满足两个方向的工作时序:纵向道路绿灯和黄灯亮的时间等于横向道路红灯亮的时间;横向道路绿灯和黄灯亮的时间等于纵向道路红灯亮的时间。若假设每个单位脉冲的周期为 4 s,则纵向道路绿灯、黄灯、红灯分别亮的时间为 24 s、4 s、20 s,横向道路红灯、绿灯、黄灯分别亮的时间为 28 s、16 s、4 s,一次循环为 48 s。

根据设计任务与要求,确定交通灯控制器的系统工作框图如图 6-18 所示。通过主控制电路(两位二进制可逆计数器)控制整个电路的运转以及红黄绿三种信号灯的转换。秒脉冲发生器产生整个定时系统的时基脉冲,通过减计数器对秒脉冲的减计数,达到控制每一种工作状态的持续时间。减计数器的借位端为主控制电路提供翻转的脉冲信号,以完成状态的转换,同时主控制电路的输出状态又决定了减计数器下一次计数的初始值。减计数器的十位和个位分别通过译码器与两个七段数码管相连,以作为时间倒计时显示。在某一干道黄灯亮期间,状态译码器将秒脉冲引入红灯控制电路,使另一干道红灯以 1 Hz 的频率闪烁。

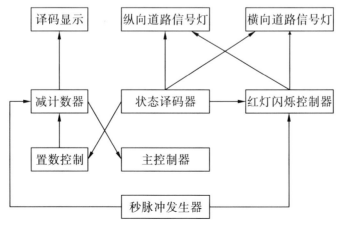

图 6-18 交通灯控制器系统工作框图

6.2.2 各部分单元电路设计

1. 秒脉冲发生器电路

可采用石英晶体振荡器输出的脉冲经过整形、分频获得 1 Hz 的秒脉冲,如图 6-19 所示。

该电路用晶体振荡器 32768Hz 经 14 分频器分频为 2 Hz(采用 4060 完成),再经一次分频(采用 4013 双 D 触发器完成),即可得到 1 Hz 标准秒脉冲,供计数器使用。

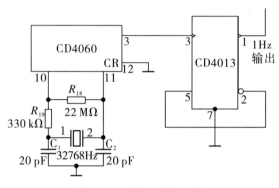

图 6-19 秒脉冲产生电路

2. 状态控制器电路

由图 6-16 可知,若交通信号灯的四种不同状态分别用 S_0(纵向道路绿灯亮、横向道路红灯亮)、S_1(纵向道路黄灯亮,横向道路红灯闪烁)、S_2(纵向道路红灯亮,横向道路绿灯亮)、S_3(纵向道路红灯闪烁,横向道路黄灯亮)表示,则其状态编码及状态转换图如图 6-20 所示。由此图可看出这是一个二进制计数器,二进制计数器有很多,这里采用集成计数器 74HC163 构成状态控制器,电路如图 6-21 所示。

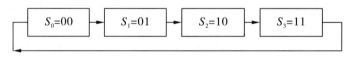

图 6-20 交通灯状态转换图

3. 状态译码器电路

纵、横向道路上的红、黄、绿信号灯的状态主要取决于状态控制器的输出状态。例如,灯亮用 1 表示,灯灭用 0 表示时,它们之间的关系见表 6-2 所示。对于信号灯的状态,"0"表示灯灭,"1"表示灯亮。

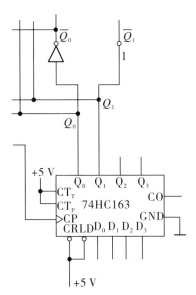

图 6-21 交通灯状态控制器电路

表 6-2 交通灯信号真值表

状态控制器输出			纵向道路信号灯			横向道路信号灯		
	Q_1	Q_0	红(ZR)	黄(ZY)	绿(ZG)	红(HR)	黄(HY)	绿(HG)
S_0	0	0	0	0	1	1	0	0
S_1	0	1	0	1	0	1	0	0
S_2	1	0	1	0	0	0	0	1
S_3	1	1	1	0	0	0	1	0

根据真值表,可写出各交通信号灯的与非逻辑函数表达式,如下所示。

$ZR = Q_1 \cdot \overline{Q_0} + Q_1 \cdot Q_0 = Q_1 \quad \overline{ZR} = \overline{Q_1}$

$ZY = \overline{Q_1} \cdot Q_0 \quad \overline{ZY} = \overline{\overline{Q_1} \cdot Q_0}$

$ZG = \overline{Q_1} \cdot \overline{Q_0} \quad \overline{ZG} = \overline{\overline{Q_1} \cdot \overline{Q_0}}$

$HR = \overline{Q_1} \cdot \overline{Q_0} + \overline{Q_1} \cdot Q_0 = \overline{Q_1} \quad \overline{HR} = Q_1$

$HY = Q_1 \cdot Q_0 \quad \overline{HY} = \overline{Q_1 \cdot Q_0}$

$HG = Q_1 \cdot \overline{Q_0} \quad \overline{HG} = \overline{Q_1 \cdot \overline{Q_0}}$

在电路设计中,采用三种颜色的 LED 模拟交通信号灯,由于门电路的带灌电流的能力一般比带拉电流的能力强,要求门电路输出低电平时,点亮相应的 LED。因此,由上述各信号灯的逻辑函数表达式可得出纵、横向道路各信号灯的电路图,如图 6-22 所示。

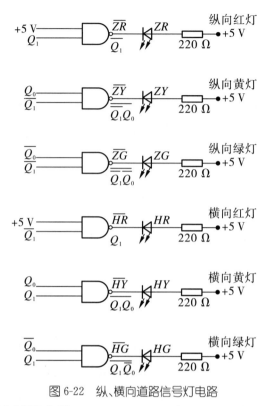

图 6-22　纵、横向道路信号灯电路

4. 红灯闪烁控制器电路

根据设计任务要求,当一方向道路的黄灯亮时,另一方向道路的红灯应按 1 Hz 的频率闪烁。从状态译码器真值表中可以看出,无论哪一方向道路的黄灯亮时,Q_0 必为高电平,而红灯点亮信号与 Q_0 无关。现利用 Q_0 信号控制与非门,当 Q_0 为高电平时,将秒信号脉冲引到驱动红灯的与非门的输入端,使红灯在黄灯亮期间闪烁;反之将其隔离,红灯信号不受黄灯信号的影响。纵、横向道路的红灯闪烁电路如图 6-23 所示。

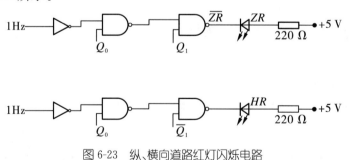

图 6-23　纵、横向道路红灯闪烁电路

5. 定时器电路

根据设计要求,交通灯控制系统要有一个能自动进入不同定时时间的定时器,以完成 24 s、16 s、4 s 的定时任务。该定时器采用两片 74HC192 级联构成二位十进制可预置减法计数器,完成时间状态由两片 74HC47 驱动两只共阳极 LED

数码管对减法计数器进行译码显示;预置到减法计数器的时间常数通过三片八输入缓冲器 74HC244 来完成。三片 74HC244 的输入数据可分别接入 24、16、4 三个数据,当然也可以通过对 244 的设置输入任意设置计时初始值。输入数据到减法计数器的置入,由状态译码器的输出信号控制不同 74HC244 的选通信号来实现。

(1)纵向道路的黄灯控制启动输入数据为 16 s 的 74HC244,使下一轮横向道路绿灯亮时以 16 s 减计数。将 $\overline{ZY}$ 端接入输入数据为 16 s 的 74HC244 的使能控制端 $\overline{1G}$ 和 $\overline{2G}$,当纵向道路黄灯亮时,即 $\overline{ZY}=0$ 时,使数据 16 预置到减法计数器中,当减法计数器在纵向道路黄灯亮完后的下一轮横向道路绿灯亮时,将以 16 s 开始减计数。纵向道路红灯亮、横向道路绿灯亮 16 s 的减计数置数电路如图 6-24 所示。

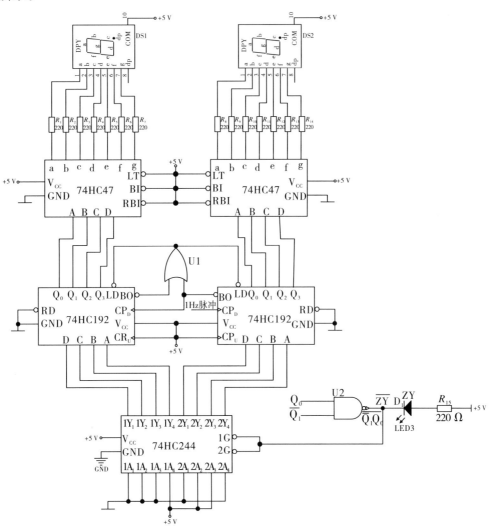

图 6-24 纵向道路红灯亮、横向道路绿灯亮 16 s 的减计数置数电路

(2) 横向道路的黄灯控制启动输入数据为 24 s 的 74HC244，使下一轮纵向道路绿灯亮时以 24 s 减计数。将 $\overline{HY}$ 端接入输入数据为 20 s 的 74HC244 的使能控制端 $1\overline{G}$ 和 $2\overline{G}$，当横向道路黄灯亮，即 $\overline{SY}=0$ 时，使数据 20 预置到减法计数中，当减法计数器在横向道路黄灯亮完后的下一轮纵向道路绿灯亮时，将以 20 s 开始减计数。

(3) 任一干道的绿灯控制启动输入数据为 4 s 的 74HC244，使下一轮该干道黄灯亮时以 4 s 减计数。将 $\overline{MG}$ 和 $\overline{SG}$ 端作为输入接上与门后的输出接入第三片输入数据为 4 s 的 74HC244 的使能控制端 $1\overline{G}$ 和 $2\overline{G}$，当任一干道绿灯亮时，即 $\overline{MG}=0$ 或 $\overline{SG}=0$ 时，使数据 4 预置到减法计数器中，当减法计数器在某一干道绿灯亮完后的下一轮该干道黄灯亮时，将以 4 s 开始减计数。

6.2.3 电路调试要点

根据图 6-17，按照信号的流向顺序将各单元电路连接起来，形成完整的交通灯控制器数字系统电路。在电路调试安装时，可以首先检查整机，待接线无误后，再进行各部分电路的调试。

1. 首先调试秒脉冲信号发生器电路

用示波器观察秒信号发生器的输出，其输出信号的周期为 1 s。

2. 主、横向道路调试

直接将秒脉冲信号接入状态控制器脉冲输入端（即集成计数器 74HC163 的脉冲输入 CP 端），在该脉冲作用下，观察主、横向道路三种颜色的信号灯是否按要求依次转换。

3. 定时器和减计数器调试

将秒脉冲信号接入定时器系统电路脉冲输入端（即两片集成计数器 74HC192 中的个位计数器的脉冲输入 CP_D 端），在脉冲作用下，将三片缓冲器 74HC244 的置数选通端依次接地，计数器应以三个不同的置数（20 s、12 s、4 s）输入，完成减法计数，两位数码管应有相应的显示。

4. 把各个单元电路互相连接起来，进行系统总调试

其中主、横向道路红灯需在另一干道黄灯亮时以 1 Hz 的频率闪烁；在 0～99 s 内任意设定三片 74HC244 的输入数据，使主、横向道路各信号灯灯亮的时间随之改变。

6.3 综合电子电路设计题选

6.3.1 数显式脉搏计的设计

脉搏搏动是常见的生理现象,是心脏和血管状态等重要生理信息的外在反应。因此,脉搏测量不仅为血压测量、血流测量还为其他生理检测提供了生理参考信息。电子脉搏计是用来测量一个人心脏跳动次数的电子仪器,设计时可以实现如下技术指标:能实现在15 s内测量1 min的脉搏数,并且显示其数字,能测量不同人群的脉搏数,如正常人脉搏数为60~80次/分,婴儿为90~100次/分,老人为100~150次/分。

脉搏计是用来测量频率较低的小信号(传感器输出电压一般为几个毫伏),用传感器将脉搏的跳动转换为电压信号,并加以放大、整形和滤波。

满足上述设计功能可以实施的方案很多,在做课程设计时可以采用电路结构简单、易于实现,但测量精度偏低的"提高脉冲频率"方案。电路原理框图如图6-25所示,图中各部分的作用如下。

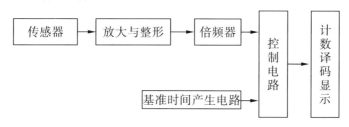

图6-25 电子脉搏计整体框图

①传感器。将脉搏跳动信号转换为相应的电脉冲信号。

②放大与整形电路。将传感器送来的微弱信号放大,通过整形除去杂散信号从而获得很好的脉冲信号。

③倍频器。提高整形后脉冲信号的频率。比如将15 s内传感器所获得的信号频率提高4倍,得到1 min对应的脉冲数,从而缩短了测量时间。

④基准时间产生电路。产生短时间的控制信号,控制测量时间。

⑤控制电路。用以保证在基准时间控制下,使4倍频后的脉冲信号送到计数器进行计数。

⑥计数、译码、显示电路。用来读出脉搏数,并以十进制数的形式由数码管显示出来。

测量计数时间为15 s,由于对脉搏脉冲进行了4倍频,因此,数码管显示的数字是1 min的脉搏跳动次数。用这种方案测量的误差为±4次/分,测量时间越短,误差也越大,想要提高测量精度,可以适当延长测量时间。

1. 放大与整形电路

这部分电路主要是将传感器的微弱脉搏信号加以放大,以达到整形电路所需的电压。放大后的信号波形是不规则的脉冲信号,因此必须加以滤波整形,整形电路的输出电压应满足计数器的要求。放大整形电路框图如图 6-26 所示。

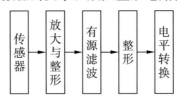

图 6-26　放大与整形电路框图

(1)传感器采用了红外光电转换器,通过红外光照射人的手指,把脉搏跳动的次数转换为电信号,由于传感器输出电阻比较高,故放大电路采用同相放大器。

(2)有源滤波电路可以采用二阶有源低通滤波电路,其作用是去除脉搏信号中的高频干扰信号,同时把脉搏信号加以放大。

(3)整形电路经过放大滤波后的脉搏信号仍是不规则的脉冲信号,为满足计数器的要求,必须采用整形电路。可以选用滞回电压比较器,其目的是为了提高抗干扰能力。

(4)电平转换电路是由比较器输出脉冲信号,它是一个正负脉冲信号。不满足计数器要求的脉冲信号,可采用电平转换电路。

2. 四倍频电路

可以用 4 个异或门组成四倍频电路。

3. 基准时间产生电路

基准时间产生电路的功能是产生一个周期为 30 s(即脉冲宽度为 15 s)的脉冲信号,以控制在 15 s 内完成 1 min 的测量任务。该电路由秒脉冲产生器、十五倍频电路和二倍频电路组成。

(1)秒脉冲产生电路。

秒脉冲产生电路可参考第 5 章的秒脉冲发生电路。

(2)十五倍频和二倍频器。

电路可以由十五进制计数器和触发器组成,产生一个周期为 30 s 的方波,即一个脉宽为 15 s 的脉冲信号。

4. 计数、译码、显示电路

该电路的功能是可以读出脉搏数,并用数码管显示出来,该电路是采用 3 位十进制计数器。

5. 控制电路

控制电路的作用主要是控制脉搏信号经放大、整形、倍频后进入计数器的时间,另外还具有为各部分电路清零等功能。

6.3.2 数字式电容测量仪

1. 设计要求

(1) 设计一个数字电容测试仪,测量范围为 $0.001\sim999\ \mu F$。

(2) 用 3 只 LED 数码管构成数字显示器,均用十进制数表示。

(3) 数字显示器所显示的数字 N 与被测电容量 C_X 的函数关系是 $N=C_X/(10\ \mu F)$。

(4) 在正常工作条件下,测量电路接上 C_X 后数字显示器便可自动显示出数字,即不需要测试者进行清零、启动之类的操作,便可正常显示。响应时间 T_X 不超过 2 s,即接上 C_X 后,在 2 s 之内,显示器所显示的数字 N 符合上述函数关系,其误差的绝对值在给定器件的前提下尽量小。

(5) 若被测电容超过 999 μF,则数码管呈全暗状态,发光二极管呈亮状态,表示超量程。

(6) 测量电路可设计有被测电容器的两个插孔,并标上符号"+"和"-"。"+"端电位瞬时值不低于"-"端电位的瞬时值,而且它们之间的开路电压瞬时值最大不超过 5.5 V。

2. 设计原理框图

数字式电容测量仪的作用是以十进制数码的方式来显示被测电容的值,从而判断电容器的质量优劣及电容参数。由给出的设计指标及设计要点可将数字式电容测量仪分为两部分:一部分是 LED 显示;另一部分就是要将 C_X 值进行转换,使数码显示与 C_X 符合 $N=C_X/(10\ \mu F)$ 的函数关系。

通过以上分析可以将电容量的大小转换成与其成正比的脉冲宽度,再用计数器对该脉冲宽度时间内通过的脉冲数进行计数并显示测量结果。所以,可以用单稳态触发器将被测电容的容量变换成与之成正比的正脉冲宽度,再用该脉冲控制计数器对标准脉冲进行计数。如果被测电容的容量大,则输出的脉冲宽度大,计数器计的脉冲数就多,反之则输出的脉冲宽度小,计的脉冲数少。计数器测得的脉冲数的多少与被测电容容量的大小成正比。根据以上分析,电容测试仪应由标准脉冲发生器、单稳态触发器、测量控制电路、计数器、译码器和显示器等部分组成,其原理框图如图 6-27 所示。图中的微分电路是将单稳态触发器输出的控制脉冲变换成正负相间的尖脉冲,并取出正脉冲使计数器在测量脉冲前清零。

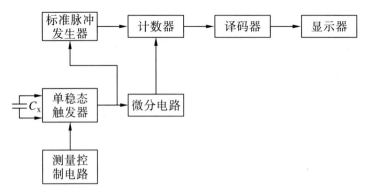

图 6-27　数字式电容测量仪的原理框图

6.3.3　可见光通信装置(2016 安徽省大学生电子设计大赛 B 题)

设计并制作一个基于白光 LED 的可见光通信装置,如图 6-28 所示。

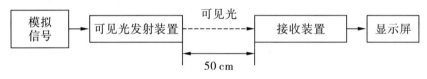

图 6-28　可见光通信装置系统框图

1. 设计基本要求

(1)在不进行通信时,应保证 LED 光源的电流恒定在 0.5 ± 0.05 A,功率要求不超过 4 W。

(2)在进行通信时,要求光源与接收装置间的距离大于 50 cm。

(3)发送端发送正弦信号时,接收端测量端子上输出电压的有效值不低于 0.4 V,频率与发送端的正弦波频率一致,并能在显示屏上显示。

(4)发送端发送方波信号时,接收端测量端子上的输出电压方波没有明显失真,并在显示屏上显示方波周期及脉宽。

2. 设计方案分析

可见光通信技术是利用半导体(LED)器件的高速亮灭的发光响应特性,将信号调制到 LED 可见光上进行传输,可实现短距离信号传输的光通信技术。可见光通信装置的发射端通过 LED 光源的高速明暗闪烁来传递信息,接收端则使用光敏管来捕获光信号中携带的数据信息,可以设计一种以单片机为控制核心的室内可见光通信系统。系统设计包括硬件电路设计方面的 LED 驱动电路、信号调制电路、PIN 前置放大电路、滤波电路等;嵌入式系统的软件编程方面的 PFM 调制解调技术算法实现、CRC 校验技术的实现等。

系统采用微功耗、性能优越的调制解调芯片 CD4046 来完成电压频率的转换和调制信号解调,以及高性能分离元器件,使得装置传输的图片及波形信号达到最优。电路的重点是实现电压频率解调电路的中心频率和调频信号解调电路的中心频率完全一致,最后将发射部分电路和接收部分电路的各个模块分别集成到单板上,对各个模块进行分析和调试,并对发射部分和接收部分进行整体的调试。

3. 系统方案

本装置由前级装置、发射装置、接收装置、检测装置组成。前级装置由电压频率转换电路和调制信号电路组成。发射装置由电压放大电路、LED 驱动电路和 DC—DC 电压转换电路组成。接收装置由信号接收模块、解调电路模块组成。检测装置由微处理器(也可以单独设计检测电路)、显示模块组成。系统设计总体框图如下图 6-29 所示。

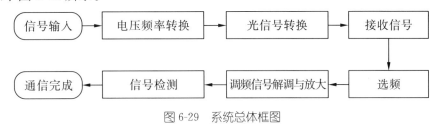

图 6-29 系统总体框图

(1)调制解调电路的设计方案选择。

PFM 调制是 LED 驱动电源中一种运用比较广泛的调制技术,其特点是在维持脉冲宽度恒定的情况下,对开关频率进行调节,从而实现对能量传输的控制,也将之称为定宽调频。PFM 控制方式的优点在于较轻负载情况下,输出效率高,电路工作频率高,频率特性较好,输出电压调整率也高,同样也适用于电流(电压)控制模式。

(2)电压放大电路的设计方案选择。

LF353 是 JFET 输入双路的低噪声和失调电压漂移宽带放大器,LF 系列都是高速高输入阻抗运算放大器,该元件的总体电路设计比较简洁,LF353 的很多性能指标都显著优于 LM324,可用 LF353 代替 LM324 使用。

(3)LED 驱动电路的设计方案选择。

驱动电路位于主电路和控制电路之间,基本任务就是将电路传来的信号按照其控制目标的要求,转换成加在电路电子器件的控制端和公共端之间,可以使其开通或关断的信号。根据引起控制信号变化的原理不同,驱动电路又分为电压驱动和电流驱动。LED 的特性决定了在发光状态下,其两端电压几乎保持不变,而改变流进的电流可以改变其亮度变化,因此 LED 属于电流型器件。对于电流型器件采用电流驱动的效果好于电压驱动,因此本系统采用电流驱动电流来驱动 LED。

可以选择基于 IRF3205 驱动 LED 电路,IRF3205 的硅片导通阻抗低,有益于降低 LED 驱动电路的设计难度。IRF3205 有很多优点,例如,闭合速度非常快、高输入阻抗和低电平驱动。IRF3205是电流驱动型器件,MOSFET的优点是导通,它正常导通的时候,正向导通电阻极小,只有0.01 Ω,安全工作区宽、热稳定性高、易于并联使用和跨导高度线性的优点。

4. 软件的设计(提高部分)

系统软件程序设计的功能描述与设计思路:

(1)实现按键控制12864液晶屏显示正弦波频率或方波周期及脉宽的功能。

(2)实现按键控制12864液晶屏显示一幅80×60分辨率的黑白图像。

(3)实现按键控制12864液晶屏显示M序列。

(4)实现装置发射部分与接收部分的微处理器的串口间通信传输一幅80×60分辨率的黑白图像的功能。

(5)实现装置发射部分与接收部分微处理器的串口间通信传输M序列的功能。

(6)发射部分程序可选用STM32MCU作为该部分的控制核心,初始化完毕后,按键按下后发送正弦波或方波信号。再按下按键,通过串口发送图片数组与M序列,并在显示屏上显示。

(7)接收部分程序可选用STM32MCU作为该部分的控制核心,初始化完毕后,按键按下后接收发射端发出的正弦波或方波信号,通过A/D转换处理测得并显示正弦波的有效值,通过定时器中断与外部中断的处理测得正弦波的频率与方波的脉宽与周期。再按下一次按键,接收通过串口发送的图片数组与M序列,并在显示屏上显示。

6.3.4 单相用电器分析监测装置(2017全国大学生电子设计大赛题)

1. 设计任务

设计并制作一个可根据电源线的电参数信息分析用电器类别和工作状态的装置。该装置具有学习和分析监测两种工作模式。在学习模式下,测试并存储各单件电器在各种状态下用于识别电器及其工作状态的特征参量;在分析监测模式下,实时指示用电器的类别和工作状态。

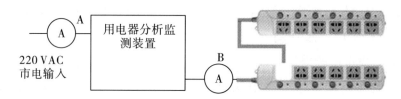

图 6-30 分析监测装置示意图

2. 设计要求

(1) 基本要求。

①电器电流范围 0.005~0.0 A,可包括但不限于以下电器:LED 灯、节能灯、USB 充电器(带负载)、无线路由器、机顶盒、电风扇、热水壶。

②可识别的电器工作状态总数不低于 7,电流不大于 50 mA 的工作状态数不低于 5,同时显示所有可识别电器的工作状态。自定义可识别的电器种类,包括一件最小电流电器和一件电流大于 8 A 的电器,并完成其学习过程。

③实时指示用电器的工作状态,并显示电源线上的电特征参量,响应时间不大于 2 s。特征参量包括电流和其他参量,自定义其他特征参量的种类、性质,数量自定。电器的种类及其工作状态、参量种类可用序号表示。

④随机增减用电器或改变使用状态,能实时指示用电器的类别和状态。

⑤用电阻自制一件可识别的最小电流电器。

(2) 提高部分。

①具有学习功能。清除作品存储的所有特征参量,重新测试并存储指定电器的特征参量。一种电器在一种工作状态的学习时间不大于 1 min。

②随机增减用电器或改变使用状态,能实时指示用电器的类别和状态。

③提高识别电流相同、其他特性不同的电器的能力和大、小电流电器共用时识别小电流电器的能力。

3. 设计方案

单相用电器分析检测装置根据任务要求,设计了供电电路、电压电流采样电路、显示电路、按键电路、蓝牙通信电路,以及手机客户端等。系统直接从电源线取电,使用高性能单片机 STM32F407 的 ADC,通过 DMA 实现自动电压电流数据采集,利用 FPU 单元对采集到的数据进行快速 FFT 计算分析,并将计算结果实时发送到显示屏、手机客户端显示,这样可以实现设计要求的基本任务及发挥部分要求。系统具有学习功能,可记录学习到的数据信息,记录其复阻抗,并以其为监测依据。本设计的精度较高,在 10 A 范围内可以稳定检测出 1 mA 的变化电流。

题目要求设计并制作一个可根据电源线的电参数信息分析用电器类别和工作状态的装置。本方案设计了装置的学习模式和监测模式。监测模式下,对电源线上接入用电器前后的电压、电流波形采样,进行快速 FFT 变换及后续数据处理,计算出实际的电压电流有效值、相位差、功率因数、复阻抗等电特征参数,指示电器的使用情况及动态用电信息;在有电器接入使用或移除时,根据参数变化计算出是哪个电器的插拔或某电器当前处于何种工作状态。在学习模式下,检测接入电器的特性参数,计算出其复阻抗,以此作为监测模式下的动态分析依据。

根据以上分析得出设计方案如下:使用取样电路对电源电压、电流进行取样,利用单片机对取样信号进行分析处理,计算出电能信息。该设计方案的自由度较高,性价比高,可以完全满足竞赛要求。系统总体结构框图如图6-31所示。

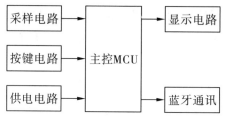

图 6-31 系统总体结构图

4. 硬件系统设计

(1)供电电路。

系统供电电路,采用～220 V/5 V电源模块取电,经AM1117-3.3进行稳压,提供给系统使用。

(2)电压采样电路。

电压采样电路使用2 mA/2 mA电压互感器对电源线上的电压进行取样,采样电压经过LMV324运算后将电压信号提供给单片机进行采样,如图6-32所示。其中,运放正相输入端电平已经经过偏置电路偏置为1.65 V,如图6-33所示。

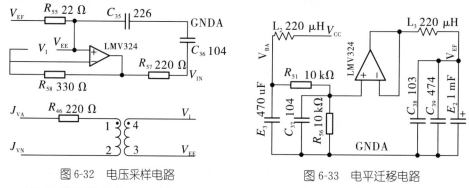

图 6-32 电压采样电路　　　　图 6-33 电平迁移电路

(3)电流采样电路。

为提高电流采样范围和精度,电流采样电路由并联的十通道信号检测电路组成,每一通道均由5 A/2.5 mA电流互感器取样,经运放LMV324后提供给单片机采样,如图6-34所示。

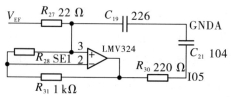

图 6-34 电流采样电路

(4)通讯及显示电路。

系统采用 UART 串口屏实时显示系统工作状态。通过蓝牙的方式将信息传输到手机客户端,蓝牙模块可采用成品数据透传模块 HFRQBLE41V2,该模块可以将串口数据转化为蓝牙方式发送出去。蓝牙通信和显示屏采用 TTL 电平,USART 方式进行通讯,因此,系统设计直接将 STM32F4 的 USART1 和 USART3 分配给蓝牙和显示模块。

(5)按键电路。

系统设计了两个按键,由上拉电阻接电源,经滤波电容提供给单片机。KEY1 功能为短按切换监测与学习功能,在学习模式下,长按 5 s 清除学习数据;KEY2 在学习模式下,按住不放可实现电器的学习过程,学习完成,显示屏显示学习结束,即可释放该按键。

5.软件系统设计(提高部分)

该设计可选用主控制器是嵌入式 STM32F407VET6 型的单片机,软件设计包括初始化、FFT 变换子程序、电能信息计算子程序、动态监测子程序、显示子程序、按键处理子程序、蓝牙通讯子程序等。

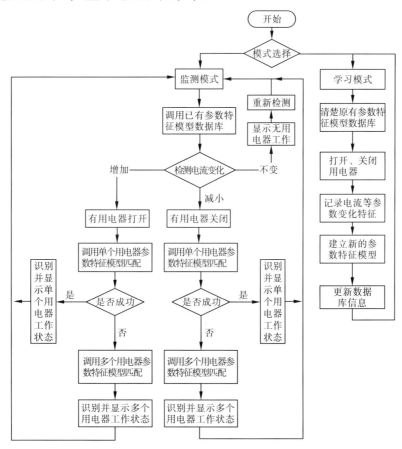

图 6-35 系统程序设计流程图

(1) A/D 采样子程序。

系统使用 ADC+DMA+TIM 方式进行数据采集,每个 20 ms 采样 1024 点完成后,触发 DMA 中断。利用单片机的 FPU 单元进行快速 FFT 计算,得出电能信息复数形式的原始数据。

(2) 电能信息计算子程序。

根据 FFT 的原始数据进行进一步处理,计算出电压、电流的幅值与相位,以及功率因素、有功功率、无功功率等电能信息数据。

(3) 动态监测子程序。

监测模式下,调用该子程序,动态监测线路上的复阻抗变化,以此作为某种电器使用情况度量的判别依据。

6. 系统测试

按设计要求,可以采用不同电器采集其信息,在动态情况下可稳定实现电器使用监测。并使用标定表对电能数据进行分析,结果表明,该系统精度极高。

首先进行学习模式测试,清空数据库原有的用电器的电参数特征模型,将已准备的功率各不相等的用电器,按照序号依次接入本装置输出端进行学习。全部用电器学习结束后,返回主界面选择进入监测模式,按照设计基本要求项依次进行测试,全部完成后再依照提高部分要求项依次测试。

第7章 电子电路仿真软件

随着电子计算机的普遍应用,计算机辅助仿真技术(EDA)日趋成熟,在各行各业得到了广泛应用,如机械仿真、电路仿真、磁仿真、程序仿真、控制系统仿真等。在电子行业,各种仿真软件层出不穷,有通用的仿真软件,也有各元器件厂商对自己产品推出的专用仿真软件,它们广泛应用在数字、模拟电路或数模混合电路、电磁兼容性等仿真中。

利用仿真技术,可以为学习、理解电路的工作原理提供帮助,可以在设计电路时利用仿真软件对所设计的电路进行验证,为选择元件的合适参数提供指导,可以节约项目开发周期,提高工作效率,降低故障率,节约成本等。因此学习、掌握某种或几种仿真手段,是电子工程师应该必备的技能。

常用的仿真软件有 Multisim、Proteus、Pspice 等,其他的仿真软件如 Psim、Saber、Simulink、LTspice、Tina-TI 等的应用也比较多。本章将主要介绍 Multisim 和 Proteus 的基本使用方法。

7.1 Multisim14 软件及应用

Multisim 是美国国家仪器有限公司推出的电子电路设计的 EDA 工具软件,借助个人计算机可以完成电子电路的模拟评估、设计检验、设计优化和数据处理等工作。Multisim 的界面直观可视,元器件库的元件较全且可扩充,虚拟仪器较全面,为电路提供多种分析方法。电路文件可以输出为常见的电路板排版文件,如 PROTEL、ORCAD 等。Multisim 可以很好地解决理论教学与实际动手实验相脱节的问题,可以为理解电路分析原理提供帮助,在高校教学和企业项目开发中得到广泛应用。

7.1.1 Multisim14 软件基本功能与操作

Multisim 用户可以通过菜单、工具栏和热键的方式使用软件的各项功能。Multisim 的主界面有菜单栏、工具栏、设计工具箱、电路输入窗口等。

1. Multisim14 的用户界面

如图 7-1 所示为 Multisim14 用户界面。用户可以根据自己的习惯和喜好,在工具栏上通过右键菜单自定义视图内容,把一些常用的工具放到工具栏中。用户界面主要由以下几部分组成。

①菜单栏。它包含各样功能命令。

②标准工具栏。它包含一些常用的功能按钮。

③虚拟仪器工具栏。它包含各种虚拟仪表。

④元器件工具栏。它包含元件数据库中各种类型的元器件图标。

⑤电路设计区。它用于电路创建、电路仿真等。

⑥设计工具箱。它对设计文件用来层次化管理。

⑦电子表格区。它包含电路结果、网络标号、元器件列表、镀铜层、仿真检查等信息,其信息可以以文件的形式导出。

⑧状态栏。它显示操作状态信息。

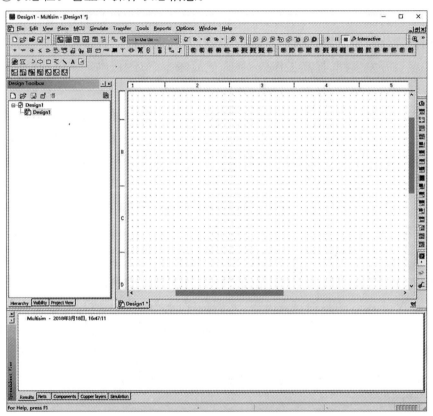

图 7-1　Multisim14 用户界面

2. Multisim14 元器件库

Multisim 以库的形式管理元器件,元件库的仿真元件多少及元器件模型的准确性决定了仿真软件的质量。Multisim 的元器件管理分为三个库,包括主数据库、企业数据库和用户数据库。主数据库存放的是软件自带的元器件数据库,用户可以使用其器件,没有器件的编辑权限;企业数据库用于存放企业团队设计的一些特定元件(该数据库仅在专业版中提供);用户数据库是用户自己建立的元器件数据库。Multisim 的主数据库中的元器件分为实际元器件和虚拟元器件,实际元器件是指库中的元器件在参数、封装等可以与实际所使用的元器件相对应,用户可以用其进行仿真或 PCB 设计等;虚拟元器件是指某类器件的相应参数值,不与实际器件对应,用户仅能用其进行仿真;在工具栏上,实际元器件按钮没有底色,而虚拟元器件按钮有底色。

Multisim14 的主数据库分成 18 个分组,每一组又对应多个系列,直接在工具栏上用右键选择元件库或热键方式即可。18 个主分组如下所示:

①Source 库。它包括电源系列、信号申电压源系列、信号电流源系列、受控电压源系列、受控电流源系列、控制模块系列、数字信号系列。

②Basic 库。它包括各种基础元件,如电阻、电容、电感、二极管、三极管、开关等。

③Diodes 库。它包括普通二极管、齐纳二极管、二极管桥、变容二极管、PIN 二极管、发光二极管等。

④Transistor 库。它包括 NPN、PNP、达林顿管、IGBT、MOS 管、场效应管、可控硅等。

⑤Analog 库。它包括运放、滤波器、比较器、模拟开关等模拟器件。

⑥TTL 库。它包括 TTL 型数字电路,如 7400、7404 等门 BJT 电路。

⑦CMOS 库。它包括 CMOS 型数字电路,如 74HC00、74HC04 等 MOS 管电路。

⑧MCU 库。Multisim 的单片机模型比较少,只有 8051、PIC16 的少数模型和一些 ROM、RAM 等。

⑨Advanced Peripherals 库。它包括键盘、LCD 和一个显示终端的模型。

⑩Misc Digital 库。它包括 DSP、CPLD、FPGA、PLD、单片机-微控制器、存储器件、一些接口电路等数字器件。

⑪Mixed 库。它包括定时器、AC/DA 转换芯片、模拟开关、振荡器等。

⑫Indicators 库。它包括电压表、电流表、探针、蜂鸣器、灯、数码管等显示器件。

⑬Power 库。它包括保险丝、稳压器、电压抑制、隔离电源等。

⑭Misc 库。它包括晶振、电子管、滤波器、MOS 驱动和其他一些器件等。

⑮RF 库。它包括一些 RF 器件,如高频电容电感、高频三极管等。

⑯Elector Mechanical 库。它包括传感开关、机械开关、继电器、电机等。

⑰Connectors 库。它包括各种接线端子。

⑱NIComponents 库。它包括各种 NI 公司生产的元器件。

3. 创建仿真电路

对电路进行仿真之前,首先要创建仿真电路,这里以阻容耦合分压式共发射极放大电路为例,讲解仿真电路的创建。

(1)放置元器件与其基本操作。

阻容耦合分压式共发射极放大电路需要电源、电阻、电容三类元件。放置元件的方法可以通过元器件数据库的方式放置,也可以通过工具栏、菜单栏或快捷键来放置工具。

创建仿真电路时,用户可以通过元器件数据库来选择元器件。同时可以通过菜单"Place→Component"、电路设计区右键菜单"Place Component"、点击元器件工具栏等多种方式,打开如图 7-2 所示的元器件选择对话窗口。在 Component 下方的输入窗口键入具体器件型号,查找元器件;或者先键入 * ,再键入型号或主要参数等关键字,进行模糊查找。若查找到的元器件较多,还可以通过数据库分组(Group)、系列(Family)的选择来进一步定位,以提高查找质量。当 Modelmanufacturer/ID 中显示的字符带有 VIRTUAL,表明该元器件是虚拟元器件,实际元器件在 Footprint manufacturer/type 中有相应封装。

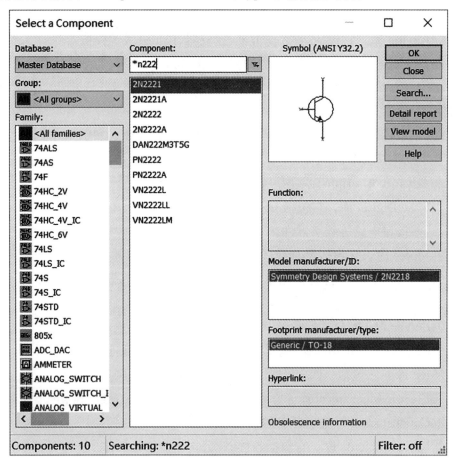

图 7-2　元器件选择对话框

在放置元器件的时候,如果需要旋转或翻转元器件,可以点击右键菜单实现,或通过快捷键操作。顺时针方向旋转元器件 90°的快捷键是"Ctrl+R",水平翻转快捷键是"Alt+X"。

如果元件参数需要调整,可以在元件上双击(快捷键是"Ctrl+M"),在弹出的窗口中为元件添加适合的参数,如对偏置电阻 R_1 的参数进行调整,可以设置其为 72 kΩ,精度 1%。将所需要的元器件按大致位置放好,如图 7-3 所示。同一种类型的元器件,可以通过 Copy、Paste 的方式添加。

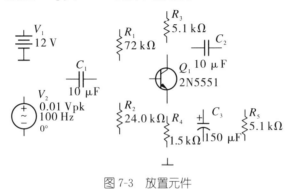

图 7-3 放置元件

(2)元器件的网络连接。

将鼠标放置于元器件引脚附近,当鼠标变成带十字架的实心圆点时,可以用左键单击。移动鼠标时,可以看到连接线跟随移动,将其引到另一个需要连接的引脚单击,实现网络连接。拖动连线时,用户可根据需要,在需要拐弯的地方通过单击的方式来强制固定拐点,按自己的需要走线。如果走线不合适,可以右键删除走线,再重新布线。图 7-3 元件进行网络连接后的电路如图 7-4 所示。

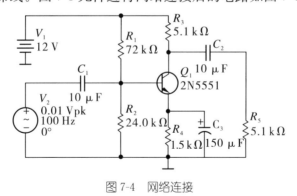

图 7-4 网络连接

7.1.2 Multisim14 软件的虚拟仪器使用

Multisim 为用户提供了丰富的虚拟仪器,用户在仿真过程中可以使用这些虚拟仪器,对电路进行测试、监视等,分析其设计是否合理。虚拟仪器的界面、使用方法基本上和实际所用仪器相仿。

如图 7-5 所示的是仪器仪表工具栏,安装 Multisim14 时默认将仪器仪表工具栏竖向排列,显示于电路窗口右侧。将鼠标放到小图标上,会出现虚拟仪器名称提示。注意电压表、电流表、探针不在虚拟仪器中,而是在元器件库中的 Indicators 库里。

图 7-5 中,所显示的图标对应的仪器从左到右分别为万用表、函数发生器、瓦特计、示波器、4 通道示波器、波特测试仪、频率计数器、字发生器、逻辑变换器、逻辑分析仪、IV 分析仪、失真分析仪、光谱分析仪、网络分析仪、安捷伦函数发生器、安捷伦万用表、安捷伦示波器、泰克示波器、LABVIEW 仪器、NIELVISMX 仪器和电流钳。用户可根据需要进行调用。这里只介绍最常用的万用表、信号发生器、示波器、功率计的使用方法。

图 7-5 仪器仪表工具栏

1. 数字万用表

数字万用表是最常用的分析检测工具,Multisim 中的数字万用表与实际使用的万用表一样,可以用来检测电路电压、电流、电阻或两点间分贝损耗测量。如果在阻容耦合分压式共发射极放大电路中要检测 Q_1 基极电压,可以点击工具栏上的万用表图标,将其放到电路中的合适位置,如图 7-6 所示,把万用表并到 Q_1 基极和地,如果需要,可双击万用表,在弹出窗口中点击 Set,打开万用表设置窗口和万用表参数。

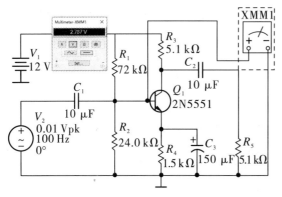

图 7-6 万用表检测电压　　　　图 7-7 设置对话框

进入仿真模式后,点击 V,选择电压测量,点击 ▬ 可以观察 Q_1 基极直流电压,点击 ∼ 可以观察 Q_1 基极交流电压,如图 7-7 所示。万用表的使用方式和实际万用表的使用方式相同,选择不同档位来测量,Multisim 可以自动选择合适的量程。

2. 函数信号发生器

Multisim 函数信号发生器可以产生正弦波、三角波和方波三种不同的波形。

若把上述的放大电路信号源用函数信号发生器来代替,可以点击函数信号发生器图标,把它放到电路图中,正极连接电容 C_1,公共端接地,如图 7-8 所示。双击信号发生器,可以调整信号的参数(在仿真状态也可以打开调整),如图 7-9 所示。

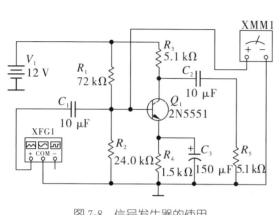
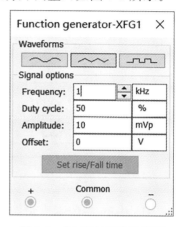

图 7-8　信号发生器的使用　　　　图 7-9　信号发生器参数调整

3. 功率计

功率计用来测量电路的直流或交流功率,也称为瓦特表。在测直流电源的功率时,可以在工具栏上点击功率计图标选择功率计,将其放到电路图中,左侧端子电压表与待测功率设备并联,右侧端子为电流表与待测设备串联,如图 7-10 所示。这样在仿真状态下就可以监测实时功率,Power factor 为功率因素。

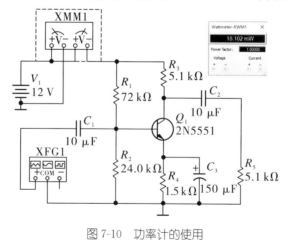

图 7-10　功率计的使用

4. 示波器

示波器可以用来监测电信号的形状,显示相关信号信息的相关信息,如幅值、频率等有用信息,是电子工程师设计、调试及修理电路时最常用的仪器之一。Multisim 为用户提供了 2 通道示波器、4 通道示波器、安捷伦示波器、泰克示波器,用户可以根据需要调用。这里以教学中常用的泰克示波器为例,点出工具栏上的泰克示波器图标,拖动到电路设计区,检测信号源和负载上的信号,如图 7-11

所示。

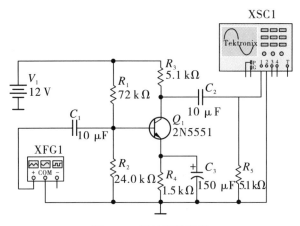

图 7-11 示波器的使用

Multisim 中的泰克示波器对应实物型号为 TDS2024,具体使用方式与实际的示波器一样。进入仿真模式后,可以双击示波器面板,打开示波器电源,打开通道 1 和通道 2,按照实际泰克示波器的调整方法设置示波器,即可显示相应的波形,如图 7-12 所示。

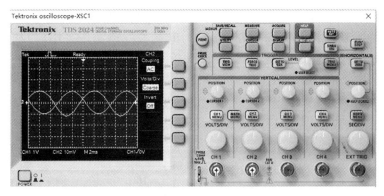

图 7-12 泰克示波器仿真界面

7.1.3 Multisim14 软件中电路的分析方法

电路分析可以通过虚拟仪表检测电路参数来实现,在 Multisim 中也可以通过分析工具来进行分析。Multisim 为用户提供了十几种分析工具,包括直流工作点分析(DC Operating Point)、交流扫描分析(AC Sweep)、瞬态分析(Transient)、直流扫描分析(DC Sweep)、交流信号单频分析(Singel Frequency AC)、参数扫描分析(Parameter Sweep)、噪声分析(Noise)、蒙特卡罗分析(Monte Carlo)、傅立叶分析(Fourier)、温度扫描分析(Temperature Sweep)、失真分析(Distortion)、灵敏度分析(Sensitivity)、最坏情况分析(Worst Case)、噪声系数分析(Noise Figure)、零极点分析(Pole Zero)、传递函数分析(Transfer Function)、导线宽度分析(Trace

Width)、批处理分析(Batch),用户也可以根据自己的需要,定义某种分析方法。

通过菜单 Simulate 选择 Analyses and Simulation 可以打开分析工具箱,如图 7-13 所示。在分析工具箱里,可以选择所需的分析工具,进行参数设置,再按 Run,观察分析情况。

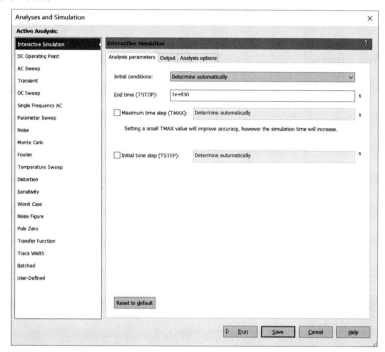

图 7-13　仿真分析工具箱对话框

1. 直流工作点分析

正确设置直流(静态)工作点,是半导体电路正常工作的先决条件。Multisim 可以仿真分析直流工作点的设置是否合理,如果不合理可以调整电路参数,将直流工作点设置到合适值。在进行直流工作点分析时,电容视为开路,电感视为短路处理。

打开分析工具箱,选中 DC Operating Point,在右侧对话框中,直流工作点分析设置包括三页,Output 页用于选择分析变量,可以根据需要选择。电压按网络标号显示在对话框中,如 V(1),如果不确定网络标号与电路的对应关系,可以通过界面最下方的电子表格区选中 Nets,如图 7-14 所示。当 2 被选中时,Q_1 基极对应的导线将会呈选中状态,所以在对话框中要分析 Q_1 基极直流工作点,应该选择 V(2)。还可以通过菜单 Place→Probe 放置探针,然后选择探针的方式即可。将所需要的分析内容 Add 到右侧被选框中。Analysis options 中设置与分析有关的选项,一般采用默认设置。Summary 中显示分析有关的所有参数和选项。设置好后,按 Run 将会显示分析结果,如果要切换回正常的仿真模式,需要在 Active Analysis 中选中 Interactive Simulation,否则仿真将默认按 Active Analysis 设置运行,如已选中 DC Operating Point,点击仿真按钮只会进行直流工作点分析。

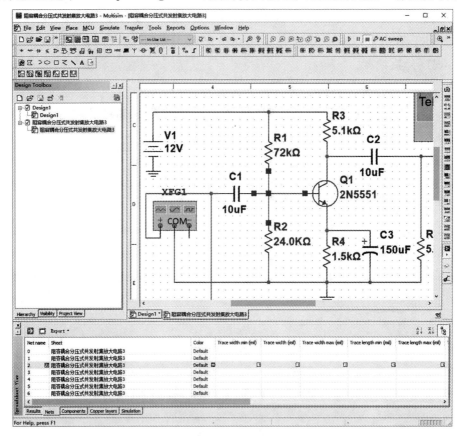

图 7-14　电子表格 Nets 显示

2. 交流分析

交流分析用来计算电路的相频特性和幅频特性。在进行交流分析时,先做直流分析,用交流小信号等效电路计算电路的输出信号,分析电路按正弦信号变化的响应。

分析工具箱中选中 AC Sweep,在 Frequency parameters 中设置分析起始频率、终止频率、扫描类型(十倍刻度、八倍刻度、线性刻度)、扫描点数和垂直刻度,在 Output 页设置分析参数。如果对上例中的用负载 R_5 上的电压作为分析参数,进行仿真,得到的结果如图 7-15 所示。

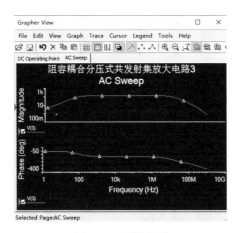

图 7-15 交流分析

3. 瞬态分析

瞬态分析是在给定输入激励信号的情况下,分析电路输出端的瞬态响应。在上例电路中,如分析 Q_1 集电极的瞬态响应,在 Active Analysis 中选中 Transient,在 Analysis parameters 页中设置起始、终止时间等参数,或采用默认由软件决定。仿真结果如图 7-16 所示。

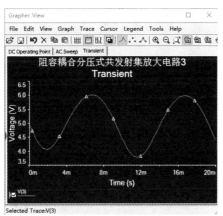

图 7-16 瞬态分析

4. 直流扫描分析

直流扫描分析是在预定义范围内扫描直流值,当直流值在一定范围内变化时,分析输出变化情况,分析时电容视为开路,电感视为短路。如在上例电路中,要分析 Q_1 基极、集电极随 V_1 的变化情况,可以在 Active Analysis 中选择 DC Sweep,在 Analysis parameters 中选择 Source1 为 V_1,设置起始电压为 0 V,终止电压为 20 V,增加量为 0.1 V,在 Output 中选择相应网络,仿真可得到随直流值变化的曲线,如图 7-17 所示。

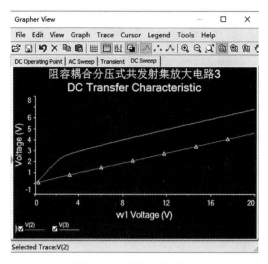

图 7-17　直流扫描分析

5. 傅立叶分析

傅立叶分析是将不规则信号分解成直流分量与各次交流分量(谐波)之和,上述电路在输入激励信号幅值为 50 mV 时,可由示波器观察到已经产生明显的波形失真。如果要使用傅立叶分析,可以在 Active Analysis 中选择 Fourier,Analysis parameters 中设置采样选项基频、谐波数、停止采样时间;结果选项中选择相位显示、线条图形方式显示或归一化图形显示。仿真结果如图 7-18 所示,从结果中可以看到各次谐波分量的幅值,输出已经有直流分量,谐波失真(THD)已经达到 25.9354%。

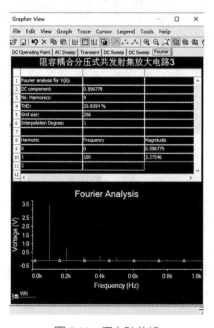

图 7-18　傅立叶分析

7.2 Proteus 软件及应用

Proteus 是英国 LabCenter Electronics 公司的仿真软件，支持多款单片机及其外围器件，它支持多款编译器，如 IAR、KEIL 等。Proteus 可用来完成设计、调试、模拟等操作，且软件使用方便，在各高校教学中得到广泛应用。

Proteus 集成了电路原理图设计、电路仿真、PCB 设计功能，是一个完整的电子设计系统。从 Proteus 结构上，可以将其分为虚拟系统模型（Proteus VSM）和 PCB 设计两大部分。它的主要功能模块包括智能原理图输入系统（Proteus ISIS）、混合仿真模型（Prospice）和单片机模型库。虚拟系统模型可以进行交互式仿真和基于图表仿真，交互式仿真一般用来检测电路能否正常工作，图表仿真一般用来进行细节分析。

Proteus ISIS 可以用来设计数字电路、模拟电路，为单片机代码提供管理系统，也为电路仿真提供虚拟仪器和高级图表（ASF）。Prospice 是 VSM 的核心，结合 ISIS 使用，它采用 Spice 内核，可以选用各厂家提供的 Spice 模型。单片机模型库支持多种厂家的多种系列单片机，如 8051 系列、8086 系列、ARM7 系列、AVR 系列、LPC 系列、PIC 系列等多款多种型号的单片机。

7.2.1 Proteus ISIS 软件的基本功能

图 7-19 所示的是 Proteus ISIS 7.10 的主界面，包括菜单栏、工具栏、工具箱、预览窗口、元器件列表、仿真按钮区以及电路设计区。

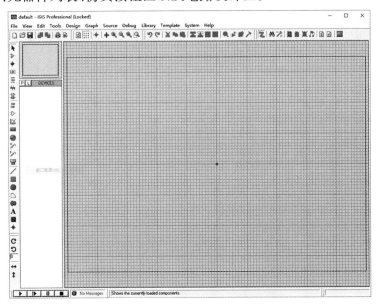

图 7-19 Proteus ISIS 7.10 界面

菜单栏除去一些共性操作外,仿真设计时还要用到 Tools 菜单、Graph 菜单、Source 菜单和 Library 菜单等。Tools 菜单主要包括布线、标注、电气规则检查、生成 PCB(ARES)等命令;Graph 菜单是电路在进行图表分析方面的相关命令,包括编辑图表分析参数、添加分析结点、图表仿真等;Source 菜单是使用单片机时源代码编辑工具命令;Library 菜单包含元器件管理和使用方面的命令。

软件左侧的 Proteus 工具箱包括三个工具栏,分别是操作模式选择、设备选择和图形绘制。操作模式工具栏主要用于选择元器件和放置总线、文本、结点、连线编号等方面的操作,各图标的具体功能如图 7-20 所示。设备选择工具栏主要用于选择各种信号源、虚拟仪器及分析工具。图形绘制工具栏用于一些 2D 图形方面的绘制。

图 7-20 操作模式工具栏

7.2.2 Proteus ISIS 库元件介绍

1. 元器件的选取与放置

创建工程后,可以点击预览窗口左下方 P 打开元件库,如图 7-21 所示。键入元件名称,查找到元件之后,双击即可把元件取出,显示在预览框下面。放置元件可以通过鼠标左键单击的方式,选中预览框下面取出的元件,再在电路设计区点击左键确认,即把元件放到电路设计区。另外一种常用的方法是在电路设计区右键菜单选择"Place→Component"的方式来放置元件,如果元件方向不合适,可以通过右键菜单来调整。

打开元器件库,在 Keywords 下可以键入元件名称,支持模糊搜索(部分名称时无需像 Multisim 中键入"*");查找到的元件可能通过类 Category 和子类 Subcategory 的方式进行筛选,加快查找速度;Manufacturer 中给出的是元器件的制造商;所有查找到的元件中 Results 显示;元器件的对应图形符号在 Preview 中显示,封装图在 PCB Preview 中显示。

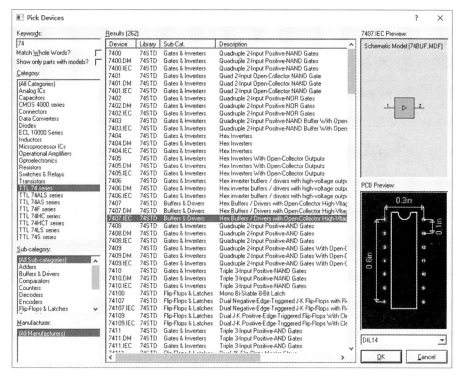

图 7-21　元器件库窗口

2. Proteus 元件库

Proteus 采用类和子类的方式对元器件进行分类。以 Proteus 7.10 版本为例，共分为 36 个类：Analog ICs、Capacitors、CMOS 4000 Series、Connectors、Data Converters、Debugging Tools、Diodes、ECL 10000 Series、Electromechanical、Inductors、Laplace Primitives、Mechanics、Memory ICs、Microprocessor ICs、Miscellaneous、Modelling Primitives、Operational Amplifiers、Optoelectronics、PICAXE、PLDs & FPGAs、Resistors、Simulator Primitives、Speakers & Sounders、Switcher & Relays、Switching Devices、Thermionic Valves、Transducers、Transistors、TTL 74 Series、TTL 74ALS Series、TTL 74AS Series、TTL 74F Series、TTL 74HC Series、TTL 74HCT Series、TTL 74LS Series、TTL 74S Series。

子类是对某一种类型再进一步细分，如 Analog ICs 又分为 9 个子类：Amplifiers、Comparators、Display Drivers、Filters、Miscellaneous、Multiplexers、Regulators、Timers、Voltage References。用户可以打开器件库体会 Proteus 的分类方法。

3. Proteus 激励源

Proteus 中提供了模拟信号源和数字信号源，支持以脚本的方式产生信号源。模拟信号源有直流信号源、正弦波信号源、模拟脉冲信号源、指数脉冲信号源、单频率调频波信号源、分段线性激励源、FILE 信号源、音频信号源。数字信号源有数字单稳态逻辑电平信号源、数字单边沿信号源、单周期数字脉冲信号源、数字时钟信号源、数字模式信号源、用脚本语言编程的信号源。

信号源放置到电路设计区后,可以双击该信号源,打开其设置窗口,如图 7-22 所示,同时可以根据需要设置其参数。

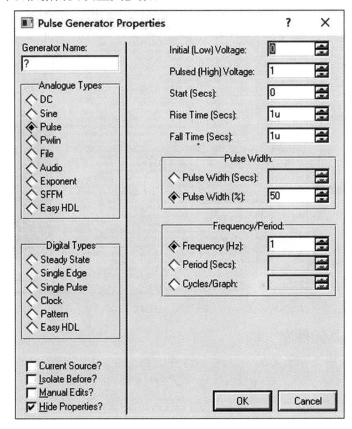

图 7-22　信号源设置对话框

4. Proteus 虚拟仪器

Proteus 7.10 提供了 12 种虚拟仪器,分别是示波器、逻辑分析仪、计数/定时器、虚拟终端、SPI 调试器、IIC 调试器、信号发生器、模式发生器、直流电压表、直流电流表、交流电压表、交流电流表。

(1)示波器。

Proteus 提供的四通道示波器,电路仿真时,可以在示波器上通过右键菜单选择 Digital Oscilloscope 打开示波器,调整相应参数,从而达到最佳观察波形的目的。

(2)逻辑分析仪。

逻辑分析仪是用来分析数字信号逻辑关系的仪器,同时对多路输入的数据流进行采样,用户可以对数字信号进行观察与分析。仿真时,通过在逻辑分析仪上右键菜单选中 VSM Logic Analyser,打开观察窗口,在 Capture Resolution 设置好采样时间,单击 Capture 按钮,等待其按钮由红变绿,即可实现数字信号的观察。如果需要显示两点之间的时间,可以点击 Cursors 按钮,即可显示时间轴。

(3)计数/定时器。

可以在电路设计区双击计数/定时器,打开属性对话框,设置其为定时器模式、频率计模式或计数器模式,其中定时器模式分为秒计时和时分秒计时,无需 CLK 时钟源。

(4)虚拟终端。

虚拟终端通过虚拟一个 RS232,为数字电路仿真提供方便。仿真时可以通过 PC 机的 COM 口与外部 RS232 设备通讯,也可以通过软件绑定虚拟串口软件(如 Virtual Serial Port Driver),使用串口调试助手与 Proteus 仿真通讯。

(5)SPI 调试器。

SPI 调试器可以通过预定的设置实现 SPI 数据的接收与发送。

(6)IIC 调试器。

IIC 调试器与 SPI 调试器在功能与使用上基本相同。

(7)信号发生器。

Proteus 信号发生器可以产生非调制信号和调制信号,非调制信号包括方波、锯齿波、三角波与正弦波;调制信号包括调幅信号和调频信号。

(6)模式发生器。

模式发生器作为接收器时,相当于一个点阵屏,作为发送器时,可产生 8 位 1KB 的数字信号。

(7)电压表、电流表。

Proteus 提供的电压表和电流表与实际所使用的仪表一样,可以显示被测量电压和电流的有效值。在实际使用中,电压表要与被测量仪表并联,电流表要与被测量仪表串联。

5. 探针

Proteus 提供了电压探针和电流探针,电压探针可用来记录电压值(模拟电路中)或逻辑电平及其强度(数字电路中),电流探针只在模拟电路中用来记录电流值。

7.2.3 Proteus ISIS 软件电路的分析方法

1. 在模拟电路中的应用

以 7.1 节中所示仿真电路为例,也可以在 Proteus 中对其进行仿真,需要在原理图设计区建立电路图,建立原理图与 Multisim 大致相同。先从元件库中将所需要的元件取到元器件列表中,再将元件放到原理图设计区;将鼠标放到元件引脚处,等光标变成铅笔状可左击开始连线。

如果需要观察电路的一些参数,可以在电路中放置虚拟仪器或探针,如图7-23所示。放置的电压探针可以用来观察直流工作点设置是否合适;示波器可以用来观测电压的放大倍数、失真等。

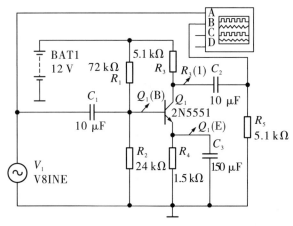

图 7-23　建立仿真电路

2. 在数字电路中的应用

以本书 4.6 节报警电路为例,建立电路仿真文件。元件取用、放置、线路连接及其交互式仿真与模拟电路中一致,不再赘述。以下主要介绍元器件的修改与模拟分析图表的电路分析。

(1)元器件的修改与新建。

在实际使用中,如果元器件在库中不能找到,或找到的元器件不便使用,可以自己制作原理图元件,或利用库中现有的元件进行修改。如在 4.6 节的报警电路中,如果利用库中的 555 定时器,原理图的走线会比较乱,在这种情况下,可以将原理图的元件进行修改。

首先将 555 定时器取到电路设计区,在元件上的右键菜单中选择 Decompose 分解元件。拖动各引脚到预定的位置,可以和第 4 章所示的 555 定时器符号完全一致。引脚修改好之后,全选 555 定时器,右键菜单选择 Make Device,在弹出的 Device Properties 对话框中,以 Device Name 为元件新建一个名称,在 Reference Prefix 中定义前缀。点击 Next,进入元件封装对话框,可以在 Add 新的封装。Next 之后的对话框可以新建模型库文件,接下来再为元器件建立模型库文件,之后一路 Next,OK 就可以按照要求完成元件修改。如图 7-24 所示左边是原元件图,右边为修改后的电路图。

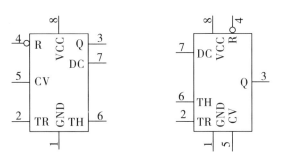

图 7-24　元器件的修改

如果要新建原理图元件,可以先调用工具箱中的绘制矩形工具,绘制一个矩形,再使用放置引脚工具放置引脚,被放置的引脚需要定义引脚名称、引脚号以及电气特性,接下来的 Make Device 与修改元件时基本一致。

创建好的仿真电路如图 7-25 所示。

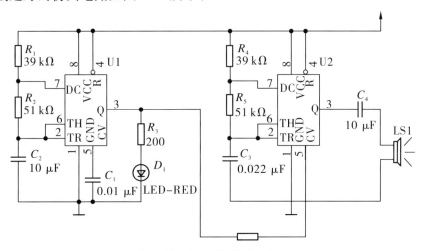

图 7-25　4.6 节报警仿真电路

(2)模拟分析图表应用。

模拟分析图表可以对确定时间段范围内的电压电流进行采样,并以图表曲线的形式显示。如若需要对 555 定时器的触发端和输入端进行细节分析,除了示波器外,模拟分析图表应用起来也很方便。使用模拟图表先要对采样分析的数据放置电压、电流探针,如图 7-25 所示,在原理图上放置了四个电压探针。

在电路设计区的空白区,右键菜单 Place→Graphs→ANALOGUE 放置模拟分析图表。本例放置了三个模拟分析图表以展示各个细节,在第一个图表上通过右键菜单 Add Traces 把第一级的触发和输出加入到图表显示中,双击图表在弹出的对话窗口中设置采样起始和终止时间为 0 s 和 10 s;在第二个图表上把第二级的触发端加入到图表显示,设置时间为 0 s 和 2 s;在第三个图表上把第二级输出端添加到图表显示中,设置采样时间为 0.975 s 到 1.025 s。在模拟图表上的右键菜单中选择 Simulate Graph,等进度条走完,采样完成后,即可显示相应的曲线，如图 7-26 所示，可以很好地对电信号进行细节观察与分析。

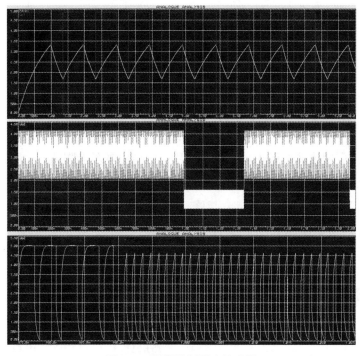

图 7-26 模拟分析图表的应用

3. 基于单片机的应用

下面的例子是一个利用 8051 单片机和循环语句，把 0～9 数据段码循环送到 P_0 口，形成数字 0～9 的循环显示。首先在电路设计区建立原理图文件，如图7-27 所示（在 Proteus 仿真时，R_1 电阻要适当取得小一点，一般 1 kΩ 以下可以实现仿真复位，实际电路中一般使用 10 kΩ 电阻）。

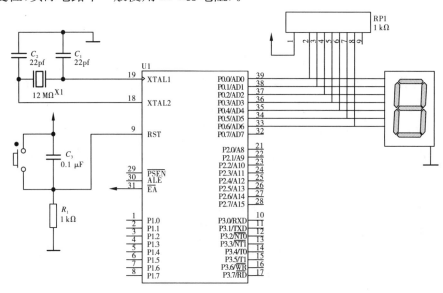

图 7-27 8051 单片机仿真

控制程序如下所示。在 Keil C51 中对其进行编译,生成 HEX 文件。

```c
#include <reg51.h>
#define INT8U unsigned char
#define INT16U unsigned int
//0~9 的共阴数码管段码表
code INT8U SEG_CODE[]={0x3F,0x06,0x5B,0x4F,0x66,0x6D,0x7D,0x07,0x7F,0x6F};
//————————————————————————
// 延时函数
//————————————————————————
void delay_ms(INT16U x)
{
  INT8U t; while(x——) for(t = 0; t < 120; t++);
}
//————————————————————————
// 主程序
//————————————————————————
void main()
{
INT8U i=0;
while(1)
{ P0=SEG_CODE[i];
  i=(i+1)%10;
  delay_ms(180);
  }
}
```

双击单片机打开属性对话框,在 Program Fie 对话框选择编译好的 HEX 文件,并在 Clock Frequency 中设置单片机时钟,如图 7-28 所示。点击仿真,即可观察到数字的循环显示。

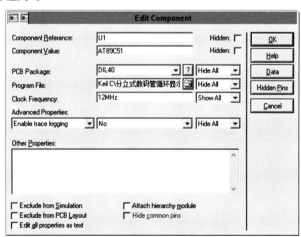

图 7-28　单片机参数设置

第8章 电子电路设计常用元器件图表

8.1 模拟电路设计部分的元器件参数对照表

8.1.1 电阻器和电容器

表 8-1 色标法中颜色代表的数值

颜色 数值 表示意义	银	金	黑	棕	红	橙	黄	绿	蓝	紫	灰	白	无
有效数字	—	—	0	1	2	3	4	5	6	7	8	9	—
乘数	10^{-2}	10^{-1}	10^{0}	10^{1}	10^{2}	10^{3}	10^{4}	10^{5}	10^{6}	10^{7}	10^{8}	10^{9}	—
允许偏差	±10	±5	—	±1	±2	—	—	±0.5	±0.2	±0.1	—	+50 −20	±20

表 8-2 常用固定电阻器的标称系列

系列代号	允许偏差	系列值（$10^n \Omega$，n 为整数）
E6	±20%	1.0 1.5 2.2 3.3 4.7 6.8
E12	±10%	1.0 1.2 1.5 1.8 2.2 2.7 3.3 3.9 4.7 5.6 6.8 8.2
E24	±5%	1.0 1.1 1.2 1.3 1.5 1.6 1.8 2.0 2.2 2.4 2.7 3.0 3.3 3.6 3.9 4.3 4.7 5.1 5.6 6.2 6.8 7.5 8.2 9.1
E48	±2%	1.00 1.05 1.10 1.15 1.21 1.27 1.33 1.40 1.47 1.54 1.62 1.69 1.78 1.87 1.91 1.96 2.05 2.15 2.26 2.37 2.49 2.61 2.74 2.80 2.87 3.01 3.16 3.32 3.48 3.57 3.65 3.83 4.02 4.22 4.42 4.64 4.87 5.11 5.36 5.62 5.90 6.19 6.34 6.49 6.81 7.15 7.50 7.87 8.25 8.66 9.09 9.53

续表

系列代号	允许偏差	系列值($10^n\Omega$, n 为整数)
E96	±1%	1.00 1.02 1.05 1.07 1.10 1.13 1.15 1.18 1.21 1.24 1.27 1.30 1.33 1.37 1.40 1.43 1.47 1.50 1.54 1.58 1.62 1.65 1.69 1.74 1.78 1.82 1.87 1.91 1.96 2.00 2.05 2.10 2.15 2.21 2.26 2.32 2.37 2.43 2.49 2.55 2.61 2.67 2.74 2.80 2.87 2.94 3.01 3.09 3.16 3.24 3.32 3.40 3.48 3.57 3.65 3.74 3.83 3.92 4.02 4.12 4.22 4.32 4.42 4.53 4.64 4.75 4.87 4.99 5.11 5.23 5.36 5.49 5.62 5.76 5.90 6.04 6.19 6.34 6.49 6.65 6.81 6.98 7.15 7.32 7.50 7.68 7.87 8.06 8.25 8.45 8.66 8.87 9.09 9.31 9.53 9.76

表 8-3 电阻器额定功率标称系列值

	类型		标称值
额定功率（W）	线绕	固定电阻器	0.05 0.125 0.25 0.5 1 2 4 8 10 16 25 40 50 75 100 150 250 500
		电位器	0.025 0.125 0.25 0.5 1 2 5 10 25 50 100
	非线绕	固定电阻器	0.05 0.125 0.25 0.5 1 2 5 10 25 50 100
		电位器	0.025 0.5 0.1 0.25 0.5 1 2 3

表 8-4 固定式电容器的容量标称系列值

电容器类型	允许偏差	容量范围	容量标称值
纸介、金属化纸介、低频极性有机薄膜介质电容器	±5%	$0.1\times10^{-3}\sim1\ \mu F$	1.0 1.5 2.2 2.3 4.7 6.8
	±10% ±20%	$1\sim100\ \mu F$	1 2 4 6 8 10 15 20 30 60 80 100
陶瓷、云母、玻璃釉高频无极性有机薄膜介质电容器	±5	其容量为标称值乘以 10^n（n 为整数）	1.0 1.1 1.2 1.3 1.5 1.6 1.8 2.0 2.2 2.4 2.7 3.0 3.3 3.6 3.9 4.3 4.7 5.1 5.6 6.2 6.8 7.5 8.2 9.1
	±10%		1.0 1.2 1.5 1.8 2.2 2.7 3.3 3.9 4.7 5.6 6.8 8.2
	±20%		1.0 1.5 2.2 3.3 4.7 6.8
铝、钽、铌电解电容器	±10% ±20% −20%～+50% −10%～+100%	容量单位 μF	1.0 1.5 2.2 3.3 4.7 6.8

表 8-5 一种电容耐压系列表示方法

	A	B	C	D	E	F	G	H	J	K	Z
0	1	1.25	1.6	2.0	2.5	3.15	4.0	5.0	6.3	8.0	9.0
1	10	12.5	16	20	25	31.5	40	50	63	80	90
2	100	125	160	200	250	315	400	500	630	800	900
3	1000	1250	1600	2000	2500	3150	4000	5000	6300	8000	9000
4	10000	12500	16000	20000	25000	31500	40000	50000	63000	80000	90000
例:1 J 代表 6.3×10＝63 V											

8.1.2 半导体分立器件

表 8-6 国内二极管型号组成部分的符号及其意义

第一部分 主称		第二部分 材料		第三部分 类别		第四部分 序号	第五部分 规格号
数字	意义	字母	意义	字母	意义		
2	二极管	A	N 型锗材料	P	小信号管(普通管)	用数字表示同一类别产品的序号	用字母表示产品的规格、档次
				W	电压调整管和电压基准管(稳压管)		
				L	整流堆		
		B	P 型锗材料	N	阻尼管		
				Z	整流管		
				U	光电管		
		C	N 型硅材料	K	开关管		
				B	变容管		
				V	混频检波管		
		D	P 型硅材料	JD	激光管		
				S	隧道管		
				CM	磁敏管		
		E	化合物材料	H	恒流管		
				Y	体效应管		
				EF	发光二极管		

表 8-7 部分 1N 系列普通二极管主要参数

序号	型号	正向电流 $I_F[A]$	正向压降 $V_F[V]$	反向电流 $I_R[\mu A]$	最高反向电压 $V_{RRM}[V]$
001	1N4001	1	1.1	5	50
002	1N4002	1	1.1	5	100
003	1N4003	1	1.1	5	200
004	1N4004	1	1.1	5	400
005	1N4005	1	1.1	5	600
006	1N4006	1	1.1	5	800
007	1N4007	1	1.1	5	1000
008	1N5400	3	1.2	500	50
009	1N5401	3	1.2	500	100
010	1N5402	3	1.2	500	200
011	1N5404	3	1.2	500	400
012	1N5406	3	1.2	500	600
013	1N5407	3	1.2	500	800
014	1N5408	3	1.2	500	1000

表 8-8 部分 1N 系列开关二极管主要参数

序号	型号	正向电流 $I_F[A]$	正向压降 $V_F[V]$	反向电流 $I_R[\mu A]$	最高反向电压 $V_{RRM}[V]$
001	1N4148	0.2	1	50	75
002	1N4150	0.3	0.74	0.1	75
003	1N4151	0.2	1	0.05	75
004	1N4512	0.15	0.55	0.05	40
005	1N4447	0.15	1	0.025	100
006	1N4448	0.2	1	3	75
007	1N4454	0.2	1	0.1	100
008	1N457	0.2	1	0.025	70
009	1N914/A	0.075	1	0.025	100
010	1N916/A	0.2	1	0.025	100

表 8-9 部分 1N 系列稳压二极管主要参数

ELECTRICAL CHARACTERISTICS ($T_A=25°C$ unless otherwise noted) $V_F=1.2$ V Max, $I_F=200$ mA for all types.

JEDEC Type No. (Note 1)	Mominal Zener Voltage $V_Z@I_{ZT}$ Volts (Notes 2 and 3)	Test Current I_{ZT} mA	Maximum Zener Impedance (Note 4)		Leakage Current		Surge Current @ $T_A=25°C$ i_r—mA (Note 5)
			$Z_{ZT}@I_{ZT}$ Ohms	$Z_{ZK}@I_{ZK}$ Ohms	I_{ZK} mA	I_R μA Max	V_R Volts	
1N4728A	3.3	76	10	400	1	100	1	1380
1N4729A	3.6	69	10	400	1	100	1	1260
1N4730A	3.9	64	9	400	1	50	1	1190
1N4731A	4.3	58	9	400	1	10	1	1070
1N4732A	4.7	53	8	500	1	10	1	970
1N4733A	5.1	49	7	550	1	10	1	890
1N4734A	5.6	45	5	600	1	10	2	810
1N4735A	6.2	41	2	700	1	10	3	730
1N4736A	6.8	37	3.5	700	1	10	4	660
1N4737A	7.5	34	4	700	0.5	10	5	605
1N4738A	8.2	31	4.5	700	0.5	10	6	550
1N4739A	9.1	28	5	700	0.5	10	7	500
1N4740A	10	25	7	700	0.25	10	7.6	454
1N4741A	11	23	8	700	0.25	5	8.4	414
1N4742A	12	21	9	700	0.25	5	9.1	380
1N4743A	13	19	10	700	0.25	5	9.9	344
1N4744A	15	17	14	700	0.25	5	11.4	304
1N4745A	16	15.5	16	700	0.25	5	12.2	285
1N4746A	18	14	20	750	0.25	5	13.7	250
1N4747A	20	12.5	22	750	0.25	5	15.2	225

ELECTRICAL CHARACTERISTICS @ 25°C

Part No.	Nominal Zener Voltage $V_Z@I_{ZT}$ Volts	Test Current I_{ZT} mA	Max Zener Impedance		Max Reverse Leakage Current			Max Zener Voltage Temp. Coeff
			$Z_{ZT}@I_{ZT}$ Ohms	$Z_{ZK}@I_{ZK}=0.25$ mA Ohms	I_R μA	@ A	V_R Volts B,C & D	
1N5221	2.4	20	30	1200	100	0.95	1.0	−0.085
1N5222	2.5	20	30	1250	100	0.95	1.0	−0.085
1N5223	2.7	20	30	1300	75	0.95	1.0	−0.080
1N5224	2.8	20	30	1400	75	0.95	1.0	−0.080
1N5225	3.0	20	29	1600	50	0.95	1.0	−0.075
1N5226	3.3	20	28	1600	25	0.95	1.0	−0.070
1N5227	3.6	20	24	1700	15	0.95	1.0	−0.065
1N5228	3.9	20	23	1900	10	0.95	1.0	−0.060
1N5229	4.3	20	22	2000	5.0	0.95	1.0	±0.055
1N5230	4.7	20	19	1900	5.0	1.9	2.0	±0.030
1N5231	5.1	20	17	1600	5.0	1.9	2.0	±0.030
1N5232	5.6	20	11	1600	5.0	2.9	3.0	+0.038
1N5233	6.0	20	7.0	1600	5.0	3.3	3.5	+0.038
1N5234	6.2	20	7.0	1000	5.0	3.8	4.0	+0.045
1N5235	6.8	20	5.0	750	3.0	4.8	5.0	+0.050

说明：表 8-9 中 1N 系列稳压二极管的额定功耗均为 1W。

表 8-10 部分发光二极管主要参数

型号	发光颜色	主波长 (nm)	光电特性 正向电压(V) 一般值	光电特性 正向电压(V) 最大值	发光强度 (mcd)测试电流=20 mA
330MW7C	白色	—	2.8	3.4	3000~5800
330LB7C	蓝色	465~470	2.8	3.4	1500~2100
330PG2C	纯绿	518~527	2.8	3.4	6000~8200
330MY8C	黄色	585~594	1.8	2.2	1500~3000
330MR2C	红色	618~627	1.8	2.2	1500~3000
515MW7C	白色	—	2.8	3.4	12000~15000
510LB7C	蓝色	460~475	2.8	3.4	4000~8000
520PG0C	蓝绿	505	3.0	3.6	6000~12000
510PG2C	纯绿	525	3.0	3.6	12000~18000
520PG2C	纯绿	525	3.0	3.6	8000~12000

表 8-11 部分三极管主要参数

Part Number	NPN or PNP	Maximum Ratings BV_{CBO} (V)	Maximum Ratings BV_{CEO} (V)	Maximum Ratings I_C (mA)	Maximum Ratings P_D Ta=25℃ (mW)	Electrical Characteristics(Ta=25℃) h_{FE} Min	Electrical Characteristics(Ta=25℃) h_{FE} Max	Electrical Characteristics(Ta=25℃) I_C (mA)	Electrical Characteristics(Ta=25℃) V_{CE} (V)	Electrical Characteristics(Ta=25℃) $V_{CE(sat)}$ Max (V)	Electrical Characteristics(Ta=25℃) I_C (mA)	Electrical Characteristics(Ta=25℃) I_B (mA)	f_T (MHz)	PIN
2N5401	PNP	−160	−150	−600	625	60	400	−10	−5	−0.2	−10	−1	100	EBC
2N5551	NPN	180	160	600	625	60	400	10	5	0.2	50	5	100	ECB
A8050	NPN	40	25	1500	1000	85	500	100	1	0.5	800	80	100	EBC
A8550	PNP	−40	−25	−1500	1000	85	500	−100	−1	−0.5	−800	−80	100	EBC
A8050S	NPN	25	20	700	625	100	500	150	1	0.5	500	50	150	EBC

续表

Part Number	NPN or PNP	Maximum Ratings				Electrical Characteristics(Ta=25℃)							f_T (MHz)	PIN
		BV_{CBO} (V)	BV_{CEO} (V)	I_C (mA)	P_D Ta=25℃ (mW)	h_{FE}		I_C (mA)	V_{CE} (V)	$V_{CE(sat)}$				
						Min	Max			Max (V)	I_C (mA)	I_B (mA)		
A8550S	PNP	−25	−20	−700	625	100	500	−150	−1	−0.5	−500	−50	150	EBC
E8050	NPN	40	25	1500	1000	85	500	100	1	0.5	800	80	100	ECB
E8550	PNP	−40	−25	−1500	1000	85	500	−100	−1	−0.5	−800	−80	100	ECB
E8051	NPN	40	25	1500	1000	85	500	100	1	0.5	800	80	100	EBC
E8551	PNP	−40	−25	−1500	1000	85	500	−100	−1	−0.5	−800	−80	100	EBC
E8551S	PNP	−25	−20	−700	625	100	500	−150	−1	−0.5	−500	−50	150	EBC
E8051S	NPN	25	20	700	625	100	500	150	1	0.5	500	50	150	EBC
E8550S	PNP	−25	−20	−700	625	100	500	−150	−1	−0.5	−500	−50	150	ECB
E8050S	NPN	25	20	700	625	100	500	150	1	0.5	500	50	150	ECB
E9012	PNP	−40	−20	−500	625	112	300	−50	−1	−0.6	−500	−50	100	EBC
E9013	NPN	40	20	500	625	112	300	50	1	0.6	500	50	100	EBC
E9014	NPN	50	45	100	450	100	1000	1	5	0.14	100	5	150	EBC
E9015	PNP	−50	−45	−100	450	100	600	−1	−5	−0.2	−100	−5	100	EBC
E9018	NPN	30	15	50	—	39	198	1	5	0.5	10	1	700	EBC
MJE15032	NPN	250	250	8000	50000	10	20	2000	5	0.5	1000	5	30	BCE
MJE15033	PNP	−250	−250	−8000	50000	10	20	−2000	−5	−0.5	−1000	−5	30	BCE
2N3055	NPN	100	60	15000	115000	20	70	4000	4	3	10000	3300	2.5	BEC
MJ2955	PNP	−100	−60	−15000	115000	20	70	4000	−4	−3	−10000	−3300	2.5	BEC
TIP142	NPN	100	100	10000	80000	500	1000	10000	4	3	10000	40		BCE
TIP147	PNP	−100	−100	−10000	80000	500	1000	10000	−4	−3	−10000	−40		BCE
TIP41C	NPN	100	100	6000	65000	15	75	3000	4	1.5	6000	600	3	BCE
TIP42C	PNP	−100	−100	−6000	65000	15	75	3000	−4	−1.5	6000	−600	3	BCE
TIP31	NPN	40	40	3000	40000	10	50	3000	4	1.2	3000	375	3	BCE
TIP32	PNP	−40	−40	−3000	40000	10	50	3000	−4	−1.2	3000	−375	3	BCE
TIP31C	NPN	100	100	3000	40000	10	50	3000	4	1.2	3000	375	3	BCE
TIP32C	PNP	−100	−100	−3000	40000	10	50	3000	−4	−1.2	3000	−375	3	BCE
MJL4281A	NPN	350	350	15000	230000	80	250	3000	5	1	8000	800	35	BCE
MJL4302A	PNP	−350	−350	−15000	230000	80	250	3000	−5	−1	8000	−800	35	BCE
MJE180	NPN	60	40	3000	12500	50	250	100	1	0.3	500	50	50	BCE
MJE170	PNP	−60	−40	−3000	12500	50	250	100	−1	−0.3	500	−50	50	BCE
MJE181	NPN	80	60	3000	12500	50	250	100	1	0.3	500	50	50	BCE
MJE171	PNP	−80	−60	−3000	12500	50	250	100	−1	−0.3	500	−50	50	BCE
MJE182	NPN	100	60	3000	12500	50	250	100	1	0.3	500	50	50	BCE
MJE172	PNP	−100	−60	−3000	12500	50	250	100	−1	−0.3	500	−50	50	BCE

表 8-12 IRF9520 引脚图及主要电气参数

JEDEC TO-220AB

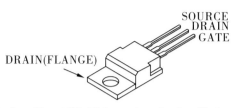

Absolute Maximum Ratings $T_C=25℃$, Unless otherwise Specified

		IRF9520	UNITS
Drain to Source Breakdown Voltage (Note 1)	V_{DS}	−100	V
Drain to Gate Voltage ($R_{GS}=20kΩ$)(Note 1)	V_{DGR}	−100	V
Continuous Drain Current	I_D	−6	A
$T_C=100℃$	I_D	−4	A
Pulsed Drain Current (Note 3)	I_{DM}	−24	A
Gate to Source Voltage	V_{GS}	±20	V
Maximum Power Dissipation (Figure 1)	P_D	40	W
Linear Derating Factor (Figure 1)		0.32	W/℃
Single Pulse Avalanche Energy Rating (Note 4)	E_{AS}	370	mJ
Operating and Storage Temperature	T_J, T_{STG}	−55 to 150	℃
Maximum Temperature for Soldering			
Leads at 0.063in(1.6mm) from Case for 10s	T_L	300	℃
Package Body for 10s, See Techbrief 334	T_{pkg}	260	℃

Electrical Specifications $T_C=25℃$, Unless Otherwise Specified

PARAMETER	SYMBOL	TEST CONDITIONS	MIN	TYP	MAX	UNITS
Drain to Source Breakdown Voltage	BV_{DSS}	$I_D=−250μA, V_{GS}=0V$(Figure 10)	−100	—	—	V
Gate Threshold Voltage	$V_{GS(TH)}$	$V_{GS}=V_{DS}, I_D=−250μA$	−2	—	−4	V
Zero Gate Voltage Drain Current	I_{DSS}	$V_{DS}=$ Rated $BV_{DSS}, V_{GS}=0V$	—	—	−25	μA
		$V_{DS}=0.8×$Rated $BV_{DSS}, V_{GS}=0V$ $T_C=125℃$	—	—	−250	μA
On-State Drain Current(Note 2)	I_D(ON)	$V_{DS}>I_{D(ON)}×r_{DS(ON)MAX}, V_{GS}=−10V$	−6	—	—	A
Gate to Source Leakage Current	I_{GSS}	$V_{GS}=±20$ V	—	—	±100	nA
Drain to Source On Resistance(Note 2)	$r_{DS(ON)}$	$I_D=−3.5A, V_{GS}=−10V$(Figures 8,9)	—	0.500	0.600	Ω
Forward Transconductance(Note 2)	gfs	$V_{DS}>I_D(ON)×r_{DS(ON)MAX}, I_D=−3.5$ A (Figure 12)	0.9	2	—	S
Turn-On Delay Time	$t_{d(ON)}$	$V_{DD}=0.5×$Rated $BV_{DSS}, I_D=−6.0A$, $R_G=50Ω, R_L=7.7Ω$ for $V_{DSS}=50Ω$ MOSFET Switching Times are Essentially Independent of Operating Temperature	—	25	50	ns
Rise Time	t_r		—	50	100	ns
Turn-Off Delay Time	$t_{d(OFF)}$		—	50	100	ns
Fall Time	t_f		—	50	100	ns
Total Gate Charge (Gate to Source+Gate to Drain)	$Q_{g(TOT)}$	$V_{GS}=−10V, I_D=−6A, V_{DS}=0.8×$ Rated BV_{DSS} (Figure 14)Gate Charge is Essentially Independent of Operating Temperature	—	16	22	nC
Gate to Source Charge	Q_{gs}		—	9	—	nC
Gate to Drain"Miller"Charge	Q_{gd}		—	7	—	nC

续表

PARAMETER	SYMBOL	TEST CONDITIONS		MIN	TYP	MAX	UNITS
Input Capacitance	C_{ISS}	$V_{DS}=-25V$, $V_{GS}=0V$, $f=1MHz$ (Figure 11)		—	300	—	pF
Output Capacitance	C_{OSS}			—	200	—	pF
Reverse Transfer Capacitance	C_{RSS}			—	50	—	pF
Internal Drain Inductance	L_D	Measured From the Contact Screw on Tab To Center of Die	Modified MOSFET Symbol Showing the Internal Devices Inductances	—	3.5	—	nH
		Measured From the Drain Lead, 6mm (0.25in) from Package to Center of Die		—	4.5	—	nH
Internal Source Inductance	L_S	Measured From the Source Lead, 6mm (0.25in) From Header to Source Bonding Pad		—	7.5	—	nH
Thermal Resistance Junction-to-Case	$R_{\theta JC}$			—	—	3.12	℃/W
Thermal Resistance Junction-to-Ambient	$R_{\theta JA}$	Typical Socket Mount		—	—	62.5	℃/W

表 8-13 TL431C 引脚图及主要电气参数

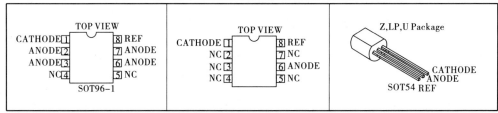

electrical characteristics over recommended operating conditions, $T_A = 25℃$ (unless otherwise noted)

	PARAMETER	TEST CIRCUIT	TEST CONDITIONS		TL431C			UNIT
					MIN	TYP	MAX	
V_{ref}	Reference voltage	2	$V_{KA}=V_{ref}$, $I_{KA}=10$ mA		2440	2495	2550	mV
$V_{I(dev)}$	Deviation of reference voltage over full temperature range (see Figure1)	2	$V_{KA}=V_{ref}$, $I_{KA}=10mA$, $T_A=0℃$ to 70℃			4	25	mV
$\dfrac{\Delta V_{ref}}{\Delta V_{KA}}$	Ratio of change in reference voltage to the change in cathode voltage	3	$I_{KA}=10$ mA	$\Delta V_{KA}=10V-V_{ref}$		−1.4	−2.7	$\dfrac{mV}{V}$
				$\Delta V_{KA}=36V-10V$		−1	−2	
I_{ref}	Reference current	3	$I_{KA}=10$ mA, R1 = 10 kΩ, R2 = ∞			2	4	μA
$I_{I(dev)}$	Deviation of reference current over full temperature range (see Figure 1)	3	$I_{KA}=10$ mA, R1 = 10 kΩ, R2 = ∞, $T_A=0℃$ to 70℃			0.4	1.2	μA
I_{min}	Minimum cathode current for regulation	2	$V_{KA}=V_{ref}$			0.4	1	mA
I_{off}	Off-state cathode current	4	$V_{KA}=36$ V, $V_{ref}=0$			0.1	1	μA
$|z_{KA}|$	Dynamic impedance (see Figure 1)	1	$I_{KA}=1$ mA to 100 mA, $V_{KA}=V_{ref}$, $f≤1$ kHz			0.2	0.5	Ω

表 8-14 LM7805 主要电气参数

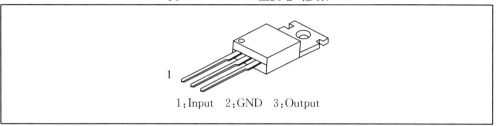

1:Input 2:GND 3:Output

Electrical Characteristics (MC7805/LM7805)
(Refer to test circuit. $0℃<T_J<125℃$. $I_O=500mA$, $V_I=10\ V$. $C_I=0.33\mu F$, $C_O=0.1\mu F$, unless otherwise specified)

Parameter	Symbol	Conditions	MC7805/LM7805			Unit
			Min.	Typ.	Max.	
Output Voltage	V_O	$T_J=+25℃$	4.8	5.0	5.2	V
		$50mA\leqslant I_O\leqslant1.0A, P_O\leqslant15W$ $V_I=7V\ to\ 20V$	4.75	5.0	5.25	
Line Regulation (Note 1)	Regline	$T_J=+25℃$	$V_O=7V\ to\ 25V$	—	4.0	100	mV
			$V_I=8V\ to\ 12V$	—	1.6	50	
Load Regulation (Note 1)	Regload	$T_J=+25℃$	$I_O=5.0mA\ to\ 1.5A$	—	9	100	mV
			$I_O=250mA\ to\ 750mA$	—	4	50	
Quiescent Current	I_Q	$T_J+25℃$	—	5.0	8.0	mA
Ouiescent Current Change	ΔI_Q	$I_O=5mA\ to\ 1.0A$	—	0.03	0.5	mA
		$V_I=7V\ to\ 25V$	—	0.3	1.3	
Output Voltage Drift	$\Delta V_O/\Delta T$	$I_O=5mA$	—	−0.8	—	mV/℃
Output Noise Voltage	V_N	$f=10Hz\ to\ 100kHz$. $T_A=+25℃$	—	42	—	$\mu V/V_O$
Ripple Rejection	RR	$f=120Hz$ $V_O=8V\ to\ 18V$	62	73	—	dB
Dropout Voltage	V_{Dfop}	$I_O=1A, T_J=+25℃$	—	2	—	V
Output Resistance	r_O	$f=1KHz$	—	15	—	mΩ
Short Circuit Current	I_{SC}	$V_I=35V, T_A=+25℃$	—	230	—	mA
Peak Current	I_{PK}	$T_J=+25℃$	—	2.2	—	A

Note:
Load and line regulation are specified at constant junction temperature. Changes in Vo due to heating effects must be taken into account separately. Pulse testing with low duty is used.

表 8-15　LM7905 引脚图及主要电气参数

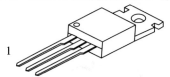

1：GND　2：Input　3：Output

Electrical Characteristics（MC7905/LM7905）

（$V_I = -10V$, $I_O = 500$ mA, $0℃ \leqslant T_J \leqslant +125℃$, $C_I = 2.2\mu F$, $C_O = 1\mu F$, unless otherwise specified.）

Parameter	Symbol	Conditions		Min.	Typ.	Max.	Unit
Output Voltage	V_O	$T_J = +25℃$		−4.8	−5.0	−5.2	V
		$I_O = 5$ mA to 1A, $P_O \leqslant 15W$ $V_I = -7V$ to $-20V$		−4.75	−5.0	−5.25	
Line Regulation (Note 3)	ΔV_O	$T_J = +25℃$	$V_I = -7V$ to $-25V$	—	35	100	mV
			$V_I = -8V$ to $-12V$	—	8	50	
Load Regulation (Note3)	ΔV_O	$T_J = +25℃$ $I_O = 5mA$ to 1.5A		—	10	100	mV
		$T_J = +25℃$ $I_O = 250mA$ to 750mA		—	3	50	
Quiescent Current	I_Q	$T_J = +25℃$		—	3	6	mA
Quiescent Current Change	ΔI_Q	$I_O = 5mA$ to 1A		—	0.05	0.5	mA
		$V_I = -8V$ to $-25V$		—	0.1	0.8	
Temperature Coefficient of V_D	$\Delta V_O/\Delta T$	$I_O = 5mA$		—	−0.4	—	mV/℃
Output Noise Voltage	V_N	$f = 10Hz$ to $100kMz$ $T_A = +25℃$		—	40	—	μV
Ripple Rejection	RR	$f = 120Hz$ $\Delta V_I = 10V$		54	60	—	dB
Dropout Voltage	V_D	$T_J = +25℃$ $I_O = 1A$		—	2	—	V
Short Circuit Current	I_{SC}	$T_J = 25℃, V_I = -35V$		—	300	—	mA
Peak Current	I_{PK}	$T_J = +25℃$		—	2.2	—	A

Note：

Load and line regulation are specified at constant junction temperature. Changes in Vo due to heating effects must be taken into account separately. Pulse testing with low duty is used.

表 8-16 LM385 引脚图及主要电气参数

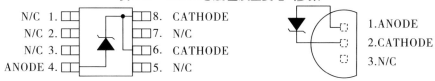

ELECTRICAL CHARACTERISTICS

(Unless otherwise specified, these specifications apply to $T_A = 25°C$, Typ number represents $T_A = 25°C$ value.)

LM385/385B-1.2

Parameter	Symbol	Test Conditions	LM385/385B-1.2 Min.	Typ.	Max.	Units
Reverse Breakdown Voltage $\frac{LM385}{LM385B}$	V_Z	$I_{MIN} \leq I_R \leq I_{MAX}$	1.205	1.235	1.260	V
		$I_{MIN} \leq I_R \leq I_{MAX}$	1.223	1.235	1.247	V
Average Temperature Coefficient	$\frac{\Delta V_Z}{\Delta Temp}$	$I_R = 100\mu A$		20		ppm/°C
Minimum Operating Current	MIN			8	15	μA
Reverse Breakdown Voltage Chang with Current	$\frac{e}{\Delta I_R}$	ΔV_z $I_{MIN} \leq I_R \leq 1$ mA			1.5	mV
		$1mA \leq I_R \leq 20mA$			20	mV
Reverse Dynamic Impedance	r_z	$I_R = 100\mu A$		1		Ω
Wide Band Noise (RMS)	e_n	$I_R = 100\mu A, 10Hz \leq f \leq 10kHz$		60		μV
Long Term Stability	$\frac{\Delta V_z}{\Delta Time}$	$I_R = 100\mu A, T_A = 25 \pm 0.1°C$		20		ppm/kHr

LM385/385B-2.5

Parameter	Symbol	Test Conditions	LM385/385B-2.5 Min.	Typ.	Max.	Units
Reverse Breakdown Voltage $\frac{LM385}{LM385B}$	V_Z	$I_{MIN} \leq I_R \leq I_{MAX}$	2.425	2.500	2.575	V
		$I_{MIN} \leq I_R \leq I_{MAX}$	2.462	2.500	2.538	V
Average Temperature Coefficient	$\frac{\Delta V_Z}{\Delta Temp}$	$I_R = 100\mu A$		20		ppm/°C
Minimum Operating Current	MIN			13	20	μA
Reverse Breakdown Voltage Chang with Current	$\frac{e}{\Delta I_R}$	ΔV_z $I_{MIN} \leq I_R \leq 1$ mA			2	mV
		$1mA \leq I_R \leq 20mA$			20	mV
Reverse Dynamic Impedance	r_z	$I_R = 100\mu A, f = 20Hz$		1		Ω
Wide Band Noise (RMS)	e_n	$I_R = 100\mu A, 10Hz \leq f \leq 10kHz$		120		μV
Long Term Stability	$\frac{\Delta V_z}{\Delta Time}$	$I_R = 100\mu A, T_A = 25 \pm 0.1°C$		20		ppm/kHr

表 8-17 KBL 系列整流桥主要电气参数

RFE Part Number	Peak Repetitive Reverse Voltage V_{RRM} V	Max Avg Rectified Current I_O A	Max. Peak Fwd Surge Current I_{FSM} A	Forward Voltage Drop $V_F@I_F$ V A		Max Reverse Current $I_R@V_R$ μA	Package	Outline (Typical Size in inches)
4.0 AMP Single-Phase Bridge Rectifiers								
KBL4005	50	4.0	200	1.0	4.0	10		
KBL401	100	4.0	200	1.0	4.0	10		
KBL402	200	4.0	200	1.0	4.0	10		
KBL404	400	4.0	200	1.0	4.0	10	KBL	
KBL406	600	4.0	200	1.0	4.0	10		
KBL408	800	4.0	200	1.0	4.0	10		
KBL410	1000	4.0	200	1.0	4.0	10		
6.0 AMP Single-Phase Bridge Rectifiers								
KBL6005	50	6.0	200	1.1	6.0	10		
KBL601	100	6.0	200	1.1	6.0	10		
KBL602	200	6.0	200	1.1	6.0	10		
KBL604	400	6.0	200	1.1	6.0	10	KBL	
KBL606	600	6.0	200	1.1	6.0	10		
KBL608	800	6.0	200	1.1	6.0	10		
KBL610	1000	6.0	200	1.1	6.0	10		

8.1.3 部分常用集成运算放大器的主要电气参数

表 8-18 部分模拟集成电路引脚图

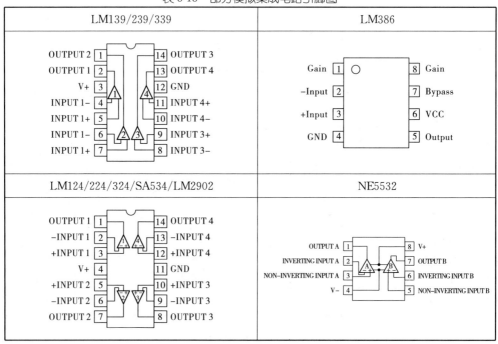

续表

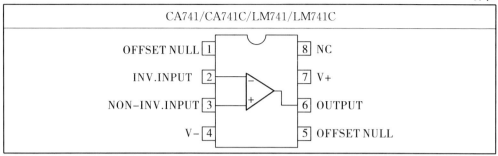

表 8-19　LM124/224/324/SA534/LM2902 主要电气参数

ABSOLUTE MAXIMUM RATINGS

SYMBOL	PARAMETER	RATING	UNIT
V_{CC}	Supply voltage	32 or ±16	V_{DC}
V_{IN}	Differential input voltage	32	V_{DC}
V_{IN}	Input voltage	−0.3 to +32	V_{DC}
P_D	Maximum power dissipation, $T_A=25℃$ (still-air)[1] N package F package D package	1420 1190 1040	mW mW mW
	Output short-circuit to GND one amplifier[2] $V_{CC}<15V_{DC}$ and $T_A=25℃$	Continuous	
I_{IN}	Input current ($V_{IN}<-0.3V$)[3]	50	mA
T_A	Operating ambient temperature range LM324/A LM224 SA534 LM2902 LM124	0 to +70 −25 to +85 −40 to +85 −40 to +125 −55 to +125	℃ ℃ ℃ ℃ ℃
T_{STG}	Storage temperature range	−65 to +150	℃
T_{SOLD}	Lead soldering temperature(10sec max)	300	℃

DC ELECTRICAL CHARACTERISTICS

$V_{CC}=5V, T_A=25℃$ unless otherwise specified.

SYMBOL	PARAMETER	TEST CONDITIONS	LM124/LM224			LM324/SA534/LM2902			UNIT
			Min	Typ	Max	Min	Typ	Max	
V_{OS}	Offset voltage[1]	$R_S=0Ω$		±2	±5		±2	±7	mV
		$R_S=0Ω$, over temp.			±7			±9	
$\Delta V_{OS}/\Delta T$	Temperature drift	$R_S=0Ω$, over temp.		7			7		$\mu V/℃$
I_{BIAS}	Input current[2]	$I_{IN}(+)$ or $I_{IN}(-)$		45	150		45	250	nA
		$I_{IN}(+)$ or $I_{IN}(-)$, over temp.		40	300		40	500	
$\Delta I_{BIAS}/\Delta T$	Temperature drift	Over temp.		50			50		$pA/℃$

续表

SYMBOL	PARAMETER	TEST CONDITIONS	LM124/LM224 Min	LM124/LM224 Typ	LM124/LM224 Max	LM324/SA534/LM2902 Min	LM324/SA534/LM2902 Typ	LM324/SA534/LM2902 Max	UNIT
I_{OS}	Offset current	$I_{IN}(+)-I_{IN}(-)$		±3	±30		±5	±50	nA
		$I_{IN}(+)-I_{IN}(-)$, over temp.			±100			±150	
$\Delta I_{OS}/\Delta T$	Temperature drift	Over temp.		10			10		pA/℃
V_{CM}	Common-mode voltage range[3]	$V_{CC}\leqslant 30V$	0		$V_{CC}-1.5$	0		$V_{CC}-1.5$	V
		$V_{CC}\leqslant 30V$, over temp.	0		$V_{CC}-2$	0		$V_{CC}-2$	
CMRR	Common-mode rejection ratio	$V_{CC}=3V$	70	85		65	70		dB
V_{OUT}	Output voltage swing	$R_L=2k\Omega, V_{CC}=30V$, over temp.	26			26			V
V_{OH}	Output voltage high	$R_L\leqslant 10k\Omega, V_{CC}=30V$, over temp.	27	28		27	28		V
V_{OL}	Output voltage low	$R_L\leqslant 10k\Omega$, over temp.		5	20		5	20	mV
I_{CC}	Supply current	$R_L=\infty, V_{CC}=30$, over temp.		1.5	3		1.5	3	mA
		$R_L=\infty$, over temp.		0.7	1.2		0.7	1.2	
A_{VOL}	Large-signal voltage gain	$V_{CC}=15V$ (for large V_O swing), $R_L\geqslant 2k\Omega$	50	100		25	100		V/mV
		$V_{CC}=15V$ (for large V_O swing), $R_L\geqslant 2k\Omega$, over temp.	25			15			
	Amplifier-to-amplifier coupling[5]	f=1kHz to 20kHz, input referred		-120			-120		dB
PSRR	Power supply rejection ratio	$R_S\leqslant 0\Omega$	65	100		65	100		dB
I_{OUT}	Output current source	$V_{IN+}=+1V, V_{IN-}=0V, V_{CC}=15V$	20	40		20	40		mA
		$V_{IN+}=+1V, V_{IN-}=0V, V_{CC}=15V$, over temp.	10	20		10	10		
	Output current sink	$V_{IN+}=+1V, V_{IN-}=0V, V_{CC}=15V$	10	20		10	20		
		$V_{IN+}=+1V, V_{IN-}=0V, V_{CC}=15V$, over temp.	5	8		5	8		
		$V_{IN+}=+1V, V_{IN-}=0V, V_O=200mV$	12	50		12	50		μA
I_{SC}	Short-circuit current[4]		10	40	60	10	40	60	mA
GBW	Unity gain bandwidth			1			1		MHz
SR	Slew rate			0.3			0.3		V/μs
V_{NOISE}	Input noise voltage	f=1kHz		40			40		nV/$\sqrt{Hz}$
V_{DIFF}	Differential input voltage[3]			V_{CC}			V_{CC}		V

表 8-20 LM139/239/339 主要电气参数

ABSOLUTE MAXIMUM RATINGS

SYMBOL	PARAMETER	RATING	UNIT
V_{CC}	V_{CC} supply voltage	36 or ±18	V_{DC}
V_{DIFF}	Differential input voltage	36	V_{DC}
V_{IN}	Input voltage	−0.3 to +36	V_{DC}
P_D	Maximum power dissipation, $T_A=25℃$(still−air)[1] F package N package D package	 1190 1420 1040	 mW mW mW
	Output short-circuit to ground[2]	Continuous	
I_{IN}	Input current($V_{IN}<-0.3V_{DC}$[3])	50	mA
T_A	Operating temperature range LM139 LM239/239A LM339/339A LM2901 MC3302	 −55 to +125 −25 to +85 0 to +70 −40 to +125 −40 to +85	 ℃ ℃ ℃ ℃ ℃
T_{STG}	Storage temperature range	−65 to +150	℃
T_{SOLD}	Lead soldering temperature(10sec max)	300	℃

DC AND AC ELECTRICAL CHARACTERISTICS

$V_+=5V_{DC}$, LM139: −55℃≤T_A≤125℃; LM239/239A: −25℃≤T_A≤85℃; LM339/339A: 0℃≤T_A≤70℃; LM2901: −40℃≤T_A≤125℃, MC3302: −40℃≤T_A≤85℃, unless otherwise specified.

SYMBOL	PARAMETER	TEST CONDITIONS	LM139			LM239/339			UNIT
			Min	Typ	Max	Min	Typ	Max	
V_{OS}	Input offset voltage[2]	$T_A=25℃$ Over temp.		±2.0	±5.0 ±9.0		±2.0	±5.0 ±9.0	mV mV
V_{CM}	Input common-mode voltage range[3]	$T_A=25℃$ Over temp.	0 0		V+−1.5 V+−2.0	0 0		V+−1.5 V+−2.0	V
V_{IDR}	Differential input voltage[1]	Keep all V_{IN}^S≥DV_{DC} (or V-if need)			V+			V+	V
I_{BIAS}	Input bias current[4]	$I_{IN(+)}$ or $I_{IN(-)}$ with output in linear range $T_A=25℃$ Over temp.		25	100 300		25	250 400	nA nA
I_{OS}	Input offset current	$I_{IN(+)}-I_{IN(-)}$ $T_A=25℃$ Over temp.		±3.0	±25 ±100		±5.0	±50 ±150	nA nA

续表

SYMBOL	PARAMETER	TEST CONDITIONS	LM139			LM239/339			UNIT
			Min	Typ	Max	Min	Typ	Max	
I_{OL}	Output sink current	$V_{IN(-)} \geqslant 1V_{DC}$, $V_{IN(+)}=0$, $V_O \leqslant 1.5V_{DC}$, $T_A=25℃$	6.0	16		6.0	16		mA
	Output leakage current	$V_{IN(+)} \geqslant 1V_{DC}$, $V_{IN(-)}=0$, $V_O=5V_{DC}$, $T_A=25℃$ $V_O=30V_{DC}$, over temp.		0.1	1.0		0.1	1.0	nA μA
I_{CC}	Supply current	$R_L=\infty$ on comparators, $T_A=25℃$ $V+=30V$		0.8	2.0		0.8	2.0	mA
A_V	Voltage gain	$R_L \geqslant 15k\Omega$ $V+=15V_{DC}$	50	200		50	200		V/mV
V_{OL}	Saturation voltage	$V_{IN(-)} \geqslant 1D_{DC}$, $V_{IN(+)}=0$, $I_{SINK} \leqslant 4mA$ $T_A=25℃$ Over temp.		250	400 700		250	400 700	mV mV
t_{LSR}	Large-signal response time	V_{IN}=TTL logic swing, $V_{REF}=1.4V_{DC}$, $V_{RL}=5V_{DC}$, $R_L=5.1k\Omega$, $T_A=25℃$		300			300		ns
t_R	Response time[5]	$V_{RL}=5V_{DC}$, $R_L=5.1k\Omega$, $T_A=25℃$		1.3			1.3		μs

表 8-21 LM386 主要电气参数

■ **ABSOLUTE MAXIMUM RATINGS**

PARAMETER		SYMBOL	RATINGS	UNIT
Supply Voltage		V_{CC}	15	V
Input Voltage		V_{IN}	$-0.4V \sim +0.4V$	V
Power Dissipation	DIP-8	P_D	1250	mW
	SOP-8		600	
	TSSOP-8		600	
Operating Temperature		T_{OPR}	$-20 \sim +85$	℃
Junction Temperature		T_J	$+125$	℃
Storage Temperature		T_{STG}	$-40 \sim +150$	℃

Note：
　　Absolute maximum ratings are stress ratings only and functional device operation is not implied The device could be damaged beyond Absolute maximum ratings.

■ ELECTRICAL CHARACTERISTICS (Ta=25℃, unless otherwise specified.)

PARAMETER	SYMBOL	TEST CONDITIONS	MIN	TYP	MAX	UNIT
Operating Supply Voltage	V_{SS}		4		12	V
Quiescent Current	I_Q	$V_{SS}=6V, V_{IN}=0$		4	8	mA
Output Power	P_{OUT}	$V_{SS}=6V, R_L=8\Omega$, THD=10%	250	325		mW
		$V_{SS}=9V, R_L=8\Omega$, THD=10%	500	700		
Voltage Gain	Gv	$V_{SS}=6V, f=1kHz$		26		dB
		$10\mu F$ from pin 1 to pm 8		46		dB
Bandwidth	BW	$V_{SS}=6V$, Pin 1 and pin 8 open		300		kHz
Total Harmonic Distortion	THD	$P_{OUT}=125mW, V_S=6V, f=1kHz$ $R_L=8\Omega$ pin 1 and pin 8 open		0.2		%
Rejection Ratio	RR	$V_{SS}=6V, f=1kHz, C_{BYPASS}=10\mu F$ Pin 1 and pm 8 open. Referred to output		50		dB
Input Resistance	R_{IN}			50		kΩ
Input Bias Current	I_{BIAS}	$V_{SS}=6V$ Pin 2 and pin 3 open		250		nA

表 8-22 NE5532 主要电气参数

ABSOLUTE MAXIMUM RATINGS

SYMBOL	PARAMETER	RATING	UNIT
V_S	Supply voltage	±22	V
V_{IN}	Input voltage	±V_{SUPPLY}	V
V_{DIFF}	Differential input voltage[1]	±0.5	V
T_A	Operating temperature range SA5532/A NE5532/A SE5532/A	−40 to +85 0 to 70 −55 to +125	℃ ℃ ℃
T_{STG}	Storage temperature	−65 to +150	℃
T_J	Junction temperature	150	℃
P_D	Maximum power dissipation, $T_A=25℃$ (still-air)[2] 8 D8 package 8 N package 8 FE package 16 D package	 780 1200 1000 1200	 mW mW mW mW
T_{SOLD}	Lead soldering temperature(10sec max)	300	℃

DC ELECTRICAL CHARACTERISTICS

$T_A = 25℃$ $V_S = ±15V$, unless otherwise specified. [1,2,3]

SYMBOL	PARAMETER	TEST CONDITIONS	SE/5532/5532A			NE/SA/5532/5532A			UNIT
			Min	Typ	Max	Min	Typ	Max	
V_{OS}	Offset voltage	Over temperature		0.5	2		0.5	4	mV
					3			5	mV
$\Delta V_{OS}/\Delta T$				5			5		$\mu V/℃$
I_{OS}	Offset current	Over temperature			100		10	150	nA
					200			200	nA
$\Delta I_{OS}/\Delta T$				200			200		pA/℃
I_B	Input current	Over temperature		200	400		200	800	nA
					700			1000	nA
$\Delta I_B/\Delta T$				5			5		nA/℃
I_{CC}	Supply current	Over temperature		8	10.5		8	16	mA
					13				mA
V_{CM}	Common-mode input range		±12	±13		±12	±13		V
CMRR	Common-mode rejection ratio		80	100		70	100		dB
PSRR	Power supply rejection ratio			10	50		10	100	$\mu V/V$
A_{VOL}	Large-signal voltage gain	$R_L \geq 2k\Omega, V_O = ±10V$	50	100		25	100		V/mV
		Over temperature	25			15			V/mV
		$R_L \geq 600\Omega, V_O = ±10V$	40	50		15	50		V/mV
		Over temperature	20			10			V/mV
V_{OUT}	Output swing	$R_L \geq 600\Omega$	±12	±13		±12	±13		V
		Over temperature	±10	±12		±10	±12		
		$R_L \geq 600\Omega, V_S = ±18V$	±15	±16		±15	±16		
		Over temperature	±12	±14		±12	±14		
		$R_L \geq 2k\Omega$	±13	±13.5		±13	±13.5		
		Over temperature	±12	±12.5		±10	±12.5		
R_{IN}	Input resistance		30	300		30	300		$k\Omega$
I_{SC}	Output short circuit current		10	38	60	10	38	60	mA

AC ELECTRICAL CHARACTERISTICS

$T_A = 25℃$ $V_S = ±15V$, unless otherwise specified.

SYMBOL	PARAMETER	TEST CONDITIONS	NE/SA/SETT32/5532A			UNIT
			Min	Typ	Max	
R_{OUT}	Output resistance	$A_V = 30dB$ Closed-loop $f = 10kHz, R_L = 600\Omega$		0.3		Ω
	Overshoot	Voltage-follower $V_{IN} = 100mV_{P-P}$ $C_L = 100pF, R_L = 600\Omega$		10		%

续表

SYMBOL	PARAMETER	TEST CONDITIONS	NE/SA/SETT32/5532A Min	NE/SA/SETT32/5532A Typ	NE/SA/SETT32/5532A Max	UNIT
A_V	Gain	$f=10\text{kHz}$		2.2		V/mV
GBW	Gain bandwidth product	$C_L=100\text{pF}, R_L=600\Omega$		10		MHz
SR	Slew rate			9		V/μs
	Power bandwidth	$V_{OUT}=\pm10\text{V}$		140		kHz
		$V_{OUT}=\pm14\text{V}, R_L=600\Omega, V_{CC}=\pm18\text{V}$		100		kHz

ELECTRICAL CHARACTERISTICS

$T_A=25°C$ $V_S=\pm15\text{V}$, unless otherwise specified.

SYMBOL	PARAMETER	TEST CONDITIONS	NE/SE5532 Min	NE/SE5532 Typ	NE/SE5532 Max	NE/SA/SE5532A Min	NE/SA/SE5532A Typ	NE/SA/SE5532A Max	UNIT
V_{NOISE}	Input noise voltage	$f_O=30\text{Hz}$		8			8	12	nV/$\sqrt{\text{Hz}}$
		$f_O=1\text{kHz}$		5			5	6	nV/$\sqrt{\text{Hz}}$
I_{NOISE}	Input noise current	$f_O=30\text{Hz}$		2.7			2.7		pA/$\sqrt{\text{Hz}}$
		$f_O=1\text{kHz}$		0.7			0.7		pA/$\sqrt{\text{Hz}}$
	Channel separation	$f=1\text{kHz}, R_S=5\text{k}\Omega$		110			110		dB

表 8-23 CA741/CA741C/LM741/LM741C 主要电气参数

Absolute Maximum Ratings

Supply Voltage

　　CA741C, CA1458, LM741C, LM1458(Note 1) ···················· 36V

　　CA741, CA1558, LM741(Note 1) ···················· 44V

Differential Input Voltage ···················· 30V

Input Voltage ···················· $\pm V_{SUPPLY}$

Offset Terminal to V-Terminal Voltage(CA741C, CA741) ···················· ±0.5V

Output Short Circuit Duration ···················· Indefinite

Thermal Information

Thermal Resistance(Typical, Note 3)　　　　　　θ_{JA}(°C/W)　θ_{JC}(°C/W)

　　PDIP Package ···················· 130　　N/A

　　Can Package ···················· 155　　67

Maximum Junction Temperature(Can Package) ···················· 175°C

Maximum Junction Temperature(Plastic Package) ···················· 150°C

Maximum Storage Temperature Range ···················· −65°C to 150°C

Maximum Lead Temperature(Soldering 10s) ···················· 300°C

Electrical Specifications Typical Valuse Intended Only for Design Guidance, $V_{SUPPLY}=\pm15V$

PARAMETER	SYMBOL	TEST CONDITIONS	TYPICAL VALUE (ALL TYPES)	UNITS
Input Capacitance	C_I		1.4	pF
Offset Voltage Adjustment Range			±15	mV
Output Resistance	R_O		75	Ω
Output Short Circuit Current			25	mA
Transient Response Rise Time	t_r	Unity Gain, $V_I=20mV$, $R_L=2k\Omega$,	0.3	μs
Overshoot	O.S.	$C_L\leq100pF$	5.0	%
Slew Rate (Closed Loop)	SR	$R_L\geq2k\Omega$	0.5	V/μS
Gain Bandwidth Product	GBWP	$R_L=12k\Omega$	0.9	MHz

Electrical Specifications For Equipment Design, $V_{SUPPLY}=\pm15V$

PARAMETER	TEST CONDITIONS	TEMP (℃)	(NOTE 4) CA741, CA1558, LM741			(NOTE 4) CA741C, CA1458, LM741C, LM1458			UNITS
			MIN	TYP	MAX	MIN	TYP	MAX	
Input Offset Voltage	$R_S\leq10k\Omega$	25	—	1	5	—	2	6	mV
		Full	—	1	6	—	—	7.5	mV
Input Common Mode Voltage Range		25	—	—	—	±12	±13	—	V
		Full	±12	±13	—	—	—	—	V
Common Mode Rejection Ratio	$R_S\leq10k\Omega$	25	—	—	—	70	90	—	dB
		Full	70	90	—	—	—	—	dB
Power Supply Rejection Ratio	$R_S\leq10k\Omega$	25	—	—	—	—	30	150	μV/V
		Full	—	30	150	—	—	—	μV/V
Input Resistance		25	0.3	2	—	0.3	2	—	MΩ

Electrical Specifications For Equipment Design, $V_{SUPPLY}=\pm15V$(continued)

PARAMETER	TEST CONDITIONS	TEMP (℃)	(NOTE 4) CA741, CA1558, LM741			(NOTE 4) CA741C, CA1458, LM741C, LM1458			UNITS
			MIN	TYP	MAX	MIN	TYP	MAX	
Input Bias Current		25	—	80	500	—	80	500	nA
		Full	—	—	—	—	—	800	nA
		−55	—	300	1500	—	—	—	nA
		125	—	30	500	—	—	—	nA

续表

PARAMETER	TEST CONDITIONS	TEMP (℃)	(NOTE 4) CA741,CA1558, LM741			(NOTE 4) CA741C, CA1458, LM741C,LM1458			UNITS
			MIN	TYP	MAX	MIN	TYP	MAX	
Input Offset Current		25	—	20	200	—	20	200	nA
		Full	—	—	—	—	—	300	nA
		−55	—	85	500	—	—	—	nA
		125	—	7	200	—	—	—	nA
Large Signal Voltage Gain	$R_L \geqslant 2k\Omega$, $V_O = \pm 10V$	25	50,000	200,00	—	20,000	200,000	—	V/V
		Full	25,000	—	—	15,000	—	—	V/V
Output Voltage Swing	$R_L \geqslant 10k\Omega$	25	—	—	—	±12	±14	—	V
		Full	±12	±14	—	—	—	—	V
	$R_L \geqslant 2k\Omega$	25	—	—	—	±10	±13	—	V
		Full	±10	±13	—	±10	±13	—	V
Supply Current		25	—	1.7	2.8	—	1.7	2.8	mA
		−55	—	2	3.3	—	—	—	mA
		125	—	1.5	2.5	—	—	—	mA
Device Power Dissipation		25	—	50	85	—	50	85	mW
		−55	—	60	100	—	—	—	mW
		125	—	45	75	—	—	—	mW

8.2 部分数字集成电路引脚图及功能表

表 8-24 部分数字集成电路引脚图

序号	器件名称	序号	器件名称
1	BCD 转七段显示译码器 CD4543	2	14 级二进制计数器 CD4060

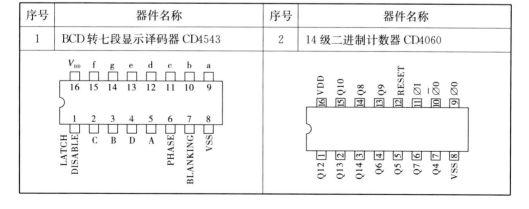

续表

序号	器件名称	序号	器件名称
3	同步二/十进制计数器 CD4518	4	四一二输入与门 CD4081
5	施密特触发器 40106	6	BCD—七段显示译码器 74LS48
7	555 定时器 NE555	8	十进制加/减计数器 74HC190
9	锁存器 74LS373	10	二输入 4 或门 74LS32

续表

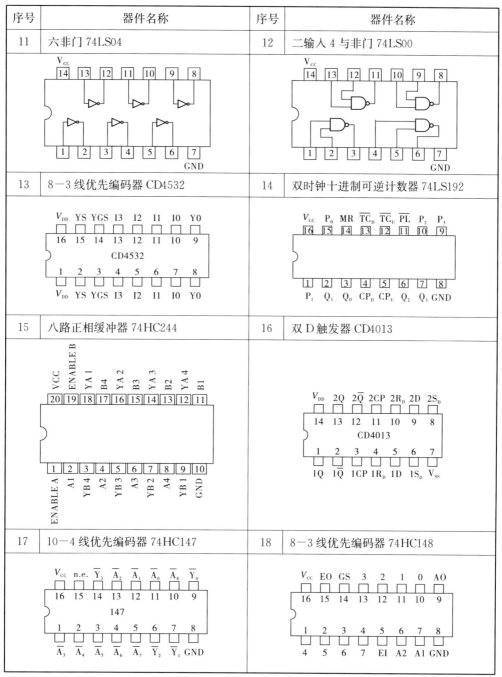

续表

序号	器件名称	序号	器件名称
19	8选1数据选择器 74HC151	20	双2选1数据选择器 74HC153
21	二进制加/减计数器 74HC191	22	二进制加法计数器 74HC161
23	二进制译码器 74HC138	24	十进制加法计数器 74HC160
25	二—十进制译码器 74HC42	26	单稳态触发器 74HC121

表 8-25 部分数字集成电路功能表

CD4543 功能表

INPUT CODE							OUTPUT STATE							DISPLAY CHAR-ACTER
LD	BI	Ph*	D	C	B	A	a	b	c	d	e	f	g	
×	1	0	×	×	×	×	0	0	0	0	0	0	0	
1	0	0	0	0	0	0	1	1	1	1	1	1	0	□
1	0	0	0	0	0	1	0	1	1	0	0	0	0	1
1	0	0	0	0	1	0	1	1	0	1	1	0	1	2
1	0	0	0	0	1	1	1	1	1	1	0	0	1	3
1	0	0	0	1	0	0	0	1	1	0	0	1	1	4
1	0	0	0	1	0	1	1	0	1	1	0	1	1	5
1	0	0	0	1	1	0	1	0	1	1	1	1	1	6
1	0	0	0	1	1	1	1	1	1	0	0	0	0	7
1	0	0	1	0	0	0	1	1	1	1	1	1	1	8
1	0	0	1	0	0	1	1	1	1	1	0	1	1	9
1	0	0	1	0	1	0	0	0	0	0	0	0	0	Blank
1	0	0	1	0	1	1	0	0	0	0	0	0	0	Blank
1	0	0	1	1	0	0	0	0	0	0	0	0	0	Blank
1	0	0	1	1	0	1	0	0	0	0	0	0	0	Blank
1	0	0	1	1	1	0	0	0	0	0	0	0	0	Blank
1	0	0	1	1	1	1	0	0	0	0	0	0	0	Blank
0	0	0	×	×	×	×	...							...
↑	↑	1	↑				Inverse of Output Combinations Above							Display as above

CD4518 功能表

CLOCK	ENABLE	RESET	ACTION
上升沿	1	0	加计数
0	下降沿	0	加计数
下降沿	X	0	不变
X	上升沿	0	不变
上升沿	0	0	不变
1	下降沿	0	不变
X	X	1	Q0~Q4=0

74LS48 功能表

DECIMAL OR FUNCTION	INPUTS							OUTPUTS							NOTE
	$\overline{LT}$	$\overline{RBI}$	D	C	B	A	$\overline{BI/RBO}$	a	b	c	d	e	f	g	
0	H	H	L	L	L	L	H	H	H	H	H	H	H	L	1
1	H	×	L	L	L	H	H	L	H	H	L	L	L	L	1
2	H	×	L	L	H	L	H	H	H	L	H	H	L	H	
3	H	×	L	L	H	H	H	H	H	H	H	L	L	H	
4	H	×	L	H	L	L	H	L	H	H	L	L	H	H	
5	H	×	L	H	L	H	H	H	L	H	H	L	H	H	
6	H	×	L	H	H	L	H	L	L	H	H	H	H	H	
7	H	×	L	H	H	H	H	H	H	H	L	L	L	L	
8	H	×	H	L	L	L	H	H	H	H	H	H	H	H	
9	H	×	H	L	L	H	H	H	H	H	L	L	H	H	
10	H	×	H	L	H	L	H	L	L	L	H	H	L	H	
11	H	×	H	L	H	H	H	L	L	H	H	L	L	H	
12	H	×	H	H	L	L	H	L	H	L	L	H	H	H	
13	H	×	H	H	L	H	H	H	L	L	H	L	H	H	
14	H	×	H	H	H	L	H	L	L	L	H	H	H	H	
15	H	×	H	H	H	H	H	L	L	L	L	L	L	L	
$\overline{BI}$	×	×	×	×	×	×	L	L	L	L	L	L	L	L	2
$\overline{RBI}$	H	L	L	L	L	L	L	L	L	L	L	L	L	L	3
$\overline{LT}$	L	×	×	×	×	×	H	H	H	H	H	H	H	H	4

74HC190 功能表

OPERATING MODE	INPUTS					OUTPUTS
	$\overline{PL}$	$\overline{U}/D$	$\overline{CE}$	CP	D_n	Q_n
parallel load	L	×	×	×	L	L
	L	×	×	×	H	H
count up	H	L	I	↑	×	count up
count down	H	H	I	↑	×	count down
hold(do nothing)	H	×	H	×	×	no change

74LS373 功能表

D_n	LE	$\overline{OE}$	O_n
H	H	L	H
L	H	L	L
×	L	L	Q_0
×	×	H	Z^*

H＝HIGH Voltage Level
L＝LOW Voltage Level
X＝Immaterial
Z＝High Impedance

74LS192 功能表

MR	PL	CP_U	CP_D	MODE
H	×	×	×	Reset(Asyn.)
L	L	×	×	Preset(Asyn.)
L	H	H	H	No Change
L	H	↑	H	Count Up
L	H	H	↑	Count Down

L＝LOW Voltage Level
H＝HIGH Voltage Level
X＝Don't Care
↑＝LOW-to-HIGH Clock Transition

CD4532 功能表

	输入							输出			
ST	I_7	I_6	I_5	I_4	I_3	I_2	I_1	I_0	Y_{GS}	Y_S	Y_2	Y_1	Y_0
L	×	×	×	×	×	×	×	L	L	L	L
H	L	L	L	L	L	L	L	L	H	L	L	L
H	H	×	×	×	×	×	×	H	L	H	H	H
H	L	H	×	×	×	×	×	H	L	H	H	L
H	L	L	H	×	×	×	×	H	L	H	L	H
H	L	L	L	H	×	×	×	H	L	H	L	L
H	L	L	L	L	H	×	×	H	L	L	H	H
H	L	L	L	L	L	H	×	H	L	L	H	L
H	L	L	L	L	L	L	H	×	H	L	L	H
H	L	L	L	L	L	L	L	H	H	L	L	L

CD4013 功能表

输入				输出
S	R	CP	D	Q^{n+1}
1	0	×	×	1
0	1	×	×	0
1	1	×	×	Ø
0	0	↑	1	1
0	0	↑	0	0
0	0	↓	×	Q^n

74HC244 功能表

Inputs		Outputs
Enable A, Enable B	A, B	YA, YB
L	L	L
L	H	H
H	X	Z

X＝don't care
Z＝high impedance

74HC148 功能表

TRUTH TABLE

	INPUTS									OUTPUTS				
E1	0	1	2	3	4	5	6	7		A2	A1	A0	GS	E0
H	×	×	×	×	×	×	×	×		H	H	H	H	H
L	H	H	H	H	H	H	H	H		H	H	H	H	L
L	×	×	×	×	×	×	×	L		L	L	L	L	H
L	×	×	×	×	×	×	L	H		L	L	H	L	H
L	×	×	×	×	×	L	H	H		L	H	L	L	H
L	×	×	×	×	L	H	H	H		L	H	H	L	H
L	×	×	×	L	H	H	H	H		H	L	L	L	H
L	×	×	L	H	H	H	H	H		H	L	H	L	H
L	×	L	H	H	H	H	H	H		H	H	L	L	H
L	L	H	H	H	H	H	H	H		H	H	H	L	H

X：Don't Care

74HC147 功能表

INPUTS									OUTPUTS			
$\overline{A}_0$	$\overline{A}_1$	$\overline{A}_2$	$\overline{A}_3$	$\overline{A}_4$	$\overline{A}_5$	$\overline{A}_6$	$\overline{A}_7$	$\overline{A}_8$	$\overline{Y}_3$	$\overline{Y}_2$	$\overline{Y}_1$	$\overline{Y}_0$
H	H	H	H	H	H	H	H	H	H	H	H	H
×	×	×	×	×	×	×	×	L	L	H	H	L
×	×	×	×	×	×	×	L	H	L	H	H	H
×	×	×	×	×	×	L	H	H	H	L	L	L
×	×	×	×	×	L	H	H	H	H	L	L	H
×	×	×	×	L	H	H	H	H	H	L	H	L
×	×	×	L	H	H	H	H	H	H	L	H	H
×	×	L	H	H	H	H	H	H	H	H	L	L
×	L	H	H	H	H	H	H	H	H	H	L	H
L	H	H	H	H	H	H	H	H	H	H	H	L

Note

1. H＝HIGH voltage level
   L＝LOW voltage level
   X＝don't care

74HC153 功能表

FUNCTION TABLE

SELECT INPUTS		DATA INPUTS				OUTPUT ENABLE	OUTPUT
S_0	S_1	nI_0	nI_1	nI_2	nI_3	$n\overline{E}$	nY
×	×	×	×	×	×	H	L
L	L	L	×	×	×	L	L
L	L	H	×	×	×	L	H
H	L	×	L	×	×	L	L
H	L	×	H	×	×	L	H
L	H	×	×	L	×	L	L
L	H	×	×	H	×	L	H
H	H	×	×	×	L	L	L
H	H	×	×	×	H	L	H

Note

1. H＝HIGH voltage level
   L＝LOW voltage level
   X＝don't care

74HC151 功能表

INPUTS												OUTPUTS	
$\overline{E}$	S_2	S_1	S_0	I_0	I_1	I_2	I_3	I_4	I_5	I_6	I_7	$\overline{Y}$	Y
H	×	×	×	×	×	×	×	×	×	×	×	H	L
L	L	L	L	L	×	×	×	×	×	×	×	H	L
L	L	L	L	H	×	×	×	×	×	×	×	L	H
L	L	L	H	×	L	×	×	×	×	×	×	H	L
L	L	L	H	×	H	×	×	×	×	×	×	L	H
L	L	H	L	×	×	L	×	×	×	×	×	H	L
L	L	H	L	×	×	H	×	×	×	×	×	L	H
L	L	H	H	×	×	×	L	×	×	×	×	H	L
L	L	H	H	×	×	×	H	×	×	×	×	L	H
L	H	L	L	×	×	×	×	L	×	×	×	H	L
L	H	L	L	×	×	×	×	H	×	×	×	L	H
L	H	L	H	×	×	×	×	×	L	×	×	H	L
L	H	L	H	×	×	×	×	×	H	×	×	L	H
L	H	H	L	×	×	×	×	×	×	L	×	H	L
L	H	H	L	×	×	×	×	×	×	H	×	L	H
L	H	H	H	×	×	×	×	×	×	×	L	H	L
L	H	H	H	×	×	×	×	×	×	×	H	L	H

Note

1. H=HIGH voltage level

   L=LOW voltage level

   X=don't care

74HC161 功能表

OPERATING MODE	INPUTS						OUTPUTS	
	$\overline{MR}$	CP	CEP	CET	$\overline{PE}$	D_n	Q_n	TC
reset(clear)	L	×	×	×	×	×	L	L
parallel load	H	↑	×	×	I	I	L	L
	H	↑	×	×	I	h	H	(1)
count	H	↑	h	h	h	×	count	(1)
hold	H	×	I	×	h	×	q_n	(1)
(do nothing)	H	×	×	I	h	×	q_n	L

Note

1. The TC output is HIGH when CET is HIGH and the counter is at teminal count (HHHH).

   H=HIGH voltage level

   h = HIGH voltage level one set-up time prior to the LOW-to-HIGH CP transition

   L=LOW voltage level

   I = LOW voltage level one set-up time prior to the LOW-to-HIGH CP transition q=lower case letters indicate the state of the referenced output one set-up time prior to the LOW-to-HIGH CP transition

X=don't care

↑ =LOW-to-HIGH CP transition

74HC191 功能表

OPERATING MODE	INPUTS					OUTPUTS
	$\overline{PL}$	$\overline{U}/D$	$\overline{CE}$	CP	D_n	Q_n
parallel load	L	×	×	×	L	L
	L	×	×	×	H	H
count up	H	L	I	↑	×	count up
count down	H	H	I	↑	×	count down
hold(do nothing)	H	×	H	×	×	no change

TC AND RC FUNCTION TABLE

INPUTS			TERMINAL COUNT STATE				OUTPUTS	
$\overline{U}/D$	$\overline{CE}$	CP	Q_0	Q_1	Q_2	Q_3	TC	$\overline{RC}$
H	H	×	H	H	H	H	L	H
L	H	×	H	H	H	H	H	H
L	L	⊔	H	H	H	H	⌐	⊔
L	H	×	L	L	L	L	L	H
H	H	×	L	L	L	L	H	H
H	L	⊔	L	L	L	L	⌐	⊔

Note

1. H=HIGH voltage level

    L=LOW voltage level

    I = LOW voltage level one set-up time prior to the LOW-to-HIGH CP transition

    X=don't care

    ↑ =LOW-to-HIGH CP transition

    ⊔ =one LOW level pulse

    ⌐ =TC goes LOW on a LOW-to-HIGH CP transition

74HC160 功能表

OPERATING MODE	INPUTS						OUTPUTS	
	$\overline{MR}$	CP	CEP	CET	$\overline{PE}$	D_n	Q_n	TC
reset(clear)	L	×	×	×	×	×	L	L
parallel load	H	↑	×	×	I	I	L	L
	H	↑	×	×	I	h	H	(1)
count	H	↑	h	h	h	×	count	(1)
hold (do nothing)	H	×	I	×	h	×	q_n	(1)
	H	×	×	I	h	×	q_n	L

Note

1. The TC output is HIGH when CET is HIGH and the counter is at teminal count (HLLH).

   H＝HIGH voltage level

   h＝HIGH voltage level one set-up time prior to the LOW-to-HIGH CP transition

   L＝LOW voltage level

   l＝LOW voltage level one set-up time prior to the LOW-to-HIGH CP transition

   q＝lower case letters indicate the state of the referenced output one set-up time prior to the LOW-to-HIGH CP transition

   X＝don't care

   ↑＝LOW-to-HIGH CP transition

74HC138 功能表

INPUTS						OUTPUTS							
$\overline{E_1}$	$\overline{E_2}$	E_3	A_0	A_1	A_2	$\overline{Y_0}$	$\overline{Y_1}$	$\overline{Y_2}$	$\overline{Y_3}$	$\overline{Y_4}$	$\overline{Y_5}$	$\overline{Y_6}$	$\overline{Y_7}$
H	×	×	×	×	×	H	H	H	H	H	H	H	H
×	H	×	×	×	×	H	H	H	H	H	H	H	H
×	×	L	×	×	×	H	H	H	H	H	H	H	H
L	L	H	L	L	L	L	H	H	H	H	H	H	H
L	L	H	H	L	L	H	L	H	H	H	H	H	H
L	L	H	L	H	L	H	H	L	H	H	H	H	H
L	L	H	H	H	L	H	H	H	L	H	H	H	H
L	L	H	L	L	H	H	H	H	H	L	H	H	H
L	L	H	H	L	H	H	H	H	H	H	L	H	H
L	L	H	L	H	H	H	H	H	H	H	H	L	H
L	L	H	H	H	H	H	H	H	H	H	H	H	L

Note

1. H＝HIGH voltage level

   L＝LOW voltage level

   X＝don't care

74HC42 功能表

INPUTS				OUTPUTS									
A_3	A_2	A_1	A_0	$\overline{Y_0}$	$\overline{Y_1}$	$\overline{Y_2}$	$\overline{Y_3}$	$\overline{Y_4}$	$\overline{Y_5}$	$\overline{Y_6}$	$\overline{Y_7}$	$\overline{Y_8}$	$\overline{Y_9}$
L	L	L	L	L	H	H	H	H	H	H	H	H	H
L	L	L	H	H	L	H	H	H	H	H	H	H	H
L	L	H	L	H	H	L	H	H	H	H	H	H	H
L	L	H	H	H	H	H	L	H	H	H	H	H	H
L	H	L	L	H	H	H	H	L	H	H	H	H	H
L	H	L	H	H	H	H	H	H	L	H	H	H	H
L	H	H	L	H	H	H	H	H	H	L	H	H	H
L	H	H	H	H	H	H	H	H	H	H	L	H	H

续表

INPUTS				OUTPUTS									
A_3	A_2	A_1	A_0	$\overline{Y}_0$	$\overline{Y}_1$	$\overline{Y}_2$	$\overline{Y}_3$	$\overline{Y}_4$	$\overline{Y}_5$	$\overline{Y}_6$	$\overline{Y}_7$	$\overline{Y}_8$	$\overline{Y}_9$
H	L	L	L	H	H	H	H	H	H	H	H	L	H
H	L	L	H	H	H	H	H	H	H	H	H	H	L
H	L	H	L	H	H	H	H	H	H	H	H	H	H
H	L	H	H	H	H	H	H	H	H	H	H	H	H
H	H	L	L	H	H	H	H	H	H	H	H	H	H
H	H	L	H	H	H	H	H	H	H	H	H	H	H
H	H	H	L	H	H	H	H	H	H	H	H	H	H
H	H	H	H	H	H	H	H	H	H	H	H	H	H

Note

1. H＝HIGH voltage level
   L＝LOW voltage level

74HC121 功能表

Inputs			Outputs	
A1	A2	B	Q	$\overline{Q}$
L	×	H	L	H
×	L	H	L	H
×	×	L	L	H
H	H	×	L	H
H	↓	H	L	H
↓	H	H	⊓	⊔
↓	↓	H	⊓	⊔
L	×	↑	⊓	⊔
×	L	↑	⊓	⊔

H—高电平

L—低电平

X—任意

↑—低到高电平跳变

↓—高到低电平跳变

⊓——一个高电平脉冲

⊔——一个低电平脉冲

8.3　电子元器件选择的参考资料

电子元器件的种类繁杂,型号众多,尽管全球有很多行业规范,但也只能对一些通用元件给予性能参数、型号标注等方面的规范。但还有很多的元件可能存在同种元件不同厂家有自己的命名方法和竞争参数,因此要想选择中意的元件,还是要去厂家的官网浏览或官方代理商咨询,并找到对应厂家的技术手册。

(1)对于诸如电阻电容的无源元件,目前全球和国内生产规模较大的厂家有:

MURATA(村田):http://www.murata.com;

TDK:http://www.tdk.co.jp/;

AVX:http://www.avx.com;

Nichicon(尼吉康株式会社):http://www.nichicon.co.jp/;

国巨股份有限公司(YAGEO):http://www.yageo.com;

KEMET(基美):http://www.kemet.com/;

WALSIN(华新科技):http://www.passivecomponent.com;

VISHAY(威世):http://www.vishay.com/;

PANASONIC(Matsushita)(松下):http://panasonic.cn/;

ATCeramics:http://www.atceramics.com/;

ROHM(罗姆)http://www.rohm.com.cn/;

Rubycon(红宝石):http://www.rubycon.com/;

WIMA(威马):http://www.wima.com.cn/;

CDE:http://www.cde.com/;

Europtronic(优普):http://www.europtronic.com/;

广东风华高新科技股份有限公司:http://www.china-fenghua.com;

宇阳控股(集团)有限公司:http://www.szeyang.com/;

深圳顺络电子股份有限公司(Sunlord):http://www.sunlordinc.com/;

东莞市智伟电子有限公司:http://www.dj-capacitors.com/;

潮州三环(集团)股份有限公司:http://three-circle.diytrade.com/;

深圳市凯琦佳科技股份有限公司:http://www.cectn.com/;

东莞市邦辰电子科技有限公司:http://www.dgbangchen.com/;

南通江海电容器股份有限公司:http://www.jianghai.com/。

(2)半导体和集成电路生产厂家有:

美国英特尔(Intel):http://www.intel.cn;

韩国三星(Samsung):http://www.samsung.com

美国高通(Qualcomm)：http：//www.qualcomm.cn/；
美国镁光(Micron)https：//www.micron.com/；
美国德州仪器(TI)：http：//www.ti.com.cn/；
日本东芝(Toshiba)：http：//www.toshiba.com.cn/；
美国博通(Broadcom)：https：//www.broadcom.com/；
德国英飞凌(Infineon)https：//www.infineon.com/cms/cn/；
意大利意法半导体(ST)：http：//www.st.com/；
台湾联发科(MTK)https：//www.mediatek.tw/；
日本索尼(Sony)http：//www.sony.com.cn；
荷兰恩智浦(NXP)https：//www.nxp.com/cn/；
美国英伟达(NVIDIA)：http：//www.nvidia.cn/；
台湾联华电子(UMC)：http：//www.umc.com/chinese/。

参考文献

1. 童诗白,华成英.模拟电子技术基础[M].5 版.北京:高等教育出版社,2015.
2. 阎石.数字电子技术基础[M].6 版.北京:高等教育出版社,2016.
3. 彭介华.电子技术课程设计指导[M].北京:高等教育出版社,2012.
4. 王昊,李昕.集成运放应用电路设计 360 例[M].北京:电子工业出版社,2007.
5. 陈梓城.实用电子电路设计与调试[M].北京:中国电力出版社,2012.
6. 姚福安.电子电路设计与实践[M].济南.山东科学技术出版社,2010.
7. 杨志忠.电子技术课程设计[M].北京:机械工业出版社.2008.
8. 韩广兴,等.电子元器件与实用电路基础[M].4 版.北京:电子工业出版社,2014.
9. 丁镇生.电子电路设计与应用手册[M].北京:电子工业出版社,2013.
10. 何希才.常用电子电路应用 365 例[M].北京:电子工业出版社,2007.
11. 孙余凯,项绮明,等.常用集成电路实用手册[M].北京:电子工业出版社,2005.
12. 孙余凯,项绮明,等.常用集成电路实用手册(续集)[M].北京:电子工业出版社,2008.
13. 何希才.常用集成电路应用实例[M].北京:电子工业出版社,2007.
14. 孙余凯,等.电子实用电路集锦[M].北京:电子工业出版社,2008.
15. 周润景,等.常用驱动电路设计及应用[M].北京:电子工业出版社,2017.
16. 陈尔绍,电子控制电路实例[M].北京:电子工业出版社,2004.
17. 陈梓城,等.实用电子电路抗干扰设计及应用[M].北京:中国电力出版社,2014.
18. [日]町田秀和.电子制作基础与实战[M].彭军,译.北京:科学出版社,2006.
19. 葛中海.音频功率放大器设计[M].北京:电子工业出版社,2017.
20. 陈梓城,等.实用电子电路设计与调试-(电源电路)[M].北京:中国电力出版社,2012.
21. 王昊.线性集成电源应用电路设计[M].北京:清华大学出版社.2009.
22. 陈纯锴.开关电源原理、设计及实例[M].北京:电子工业出版社,2012.
23. 葛中海.开关电源实例电路测试分析与设计[M].北京:电子工业出版社,2015.
24. 周志敏,纪爱华.开关电源驱动 LED 电路设计实例[M].北京:电子工业出版社,2012.
25. 聂典.Multisim 12 仿真设计[M].北京:电子工业出版,2014.
26. 吕波.Multisim 14 电路设计与仿真[M].北京:机械工业出版社,2016.
27. 从宏寿.电子设计自动化:Multisim 在电子电路与单片机中的应用[M].北京:清华大学出版社,2008.
28. 王冠华.Multisim 12 电路设计及应用[M].北京:国防工业出版社,2014.
29. 周润景.基于 PROTEUS 的电路设计、仿真与制板[M].北京:电子工业出版社,2013.
30. 从宏寿.电子设计自动化:Proteus 在电子电路与 51 单片机中的应用[M].西安:西安电子科技大学出版社,2012.
31. 杜树春.51 单片机很简单:Proteus 及汇编语言入门与实例[M].北京:化学工业出版,2017.